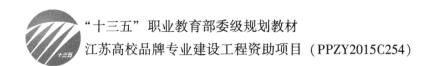"十三五"职业教育部委级规划教材

江苏高校品牌专业建设工程资助项目（PPZY2015C254）

纺织电气控制基础

徐 帅 主 编

武银飞 王美红 杨晓芳 副主编

中国纺织出版社

内 容 提 要

本书根据高职高专教育改革精神，紧密结合当前纺织生产企业对纺织类人才技能结构的要求，在细致分析纺织设备电气控制原理的基础上，精心选择纺织常用元件和典型控制电路，并进行重组和排序，最终以项目化课程形式介绍了传感器、电力拖动、交流调速、PLC 控制等基础电气控制技术。本书还本着以人为本的原则，介绍了一些生活常用电路及其操作技能，如仪表使用和照明电路等。书中对于常用传感器、控制电路、控制器和变频器等纺织常用器件的介绍均以项目任务为载体，从实用的角度安排学习内容，做到了理论知识的精简和应用知识的提炼。

本书可作为高职院校、技师学院纺织类相关专业的教材，也可作为纺织生产企业设备维护人员的培训教材。

图书在版编目（CIP）数据

纺织电气控制基础/徐帅主编. —北京：中国纺织出版社，2017.12（2021.8重印）
"十三五"职业教育部委级规划教材
ISBN 978-7-5180-4148-0

I. ①纺… II. ①徐… III. ①纺织机械—电气控制—高等职业教育—教材 IV. ①TS103

中国版本图书馆 CIP 数据核字（2017）第 243396 号

责任编辑：符 芬　责任校对：楼旭红
责任设计：何 建　责任印制：何 建

中国纺织出版社出版发行
地址：北京市朝阳区百子湾东里 A407 号楼　邮政编码：100124
销售电话：010—67004422　传真：010—87155801
http://www.c-textilep.com
E-mail:faxing@ c-textilep.com
中国纺织出版社天猫旗舰店
官方微博 http://weibo.com/2119887771
北京虎彩文化传播有限公司印刷　各地新华书店经销
2017 年 12 月第 1 版　2021 年 8 月第 2 次印刷
开本：787×1092　1/16　印张：12
字数：218 千字　定价：52.00 元

前　　言

随着科学技术的飞速发展,"机器代人"使得纺织这一传统行业焕发了新的生机。与之相伴的是纺织生产装备自动化程度不断提高,机电一体化技术在纺织上的应用更加广泛、深入,这就要求纺织行业从业人员——不管是设备维护人员还是一线生产人员,应该具备一定的电气控制方面的基础知识与技能。由于纺织行业生产装备又有其自身特点:如各种纺织设备的电动机速度的调节,大都采用变频调速的方法;再如,电气制动几乎是各种纺织设备的标配,但方式不一,其中包含了其他行业不常见的电磁离合器为主的机械制动。纺织行业的电气控制涉及面广,且有其鲜明的自身特点,传统的电工学内容难以满足从业者的需要。因此,本书以教育理念为指导,注重对学生关键能力的培养,以培养学生纺织必备电气控制技术的能力为主线,以提高学生技能应用能力为主体,以此来设计、组织和编写《纺织电气控制基础》的教材内容。本教材具有以下特色。

1. 以专业常用、岗位必备技能要求为内容选取依据

本书通过调研,提取纺织企业最常用、最典型的元件和电路作为教学内容。对内容进行归纳、重组,原则是"坚持应用为宗旨,基础理论以必需、够用为度,以阐明概念、强化应用为重点,加强应用性和针对性"。为突出专业应用,本课程不再遵循传统的电子技术、电工技术体系,而将纺织设备上常用的传感器、电子元器件、低压电器及常用控制电路、控制器和变频器等知识进行重新编排,力争做到由易到难,由简单到复杂,理论实践相结合。

2. 以"教育的终极目标是培养人"为内容选取的宗旨

以"教育的终极目标是培养人"为宗旨,突出生活技能的训练和培养,达到能够安全用电和装接生活常用电路、电器的要求;以行业需求为现实目标,突出必要专业技能的训练和培养,达到知晓原理、熟悉器件和仪表使用、能搭建基本电路、能专业化描述电气问题。比如,在生活技能培养方面,做到了安全知识进教材;在突出应用方面,做到了传感器说明书进教材。

3. 采用"项目教学、任务驱动"的教学模式

以工学结合、任务驱动的教学理念来组织课程内容,加强学生对常用器件应用能力的培养和训练。本书每一任务均有具体的、易于实现的产品呈现,教学内容具体化。

4. 坚持"理实一体化"的编写原则

本书充分考虑师生在课程教学和实施中实行"理实一体化"的可操作性,除每一任务具有可展示产品外,更将每一任务分成"项目背景、知识准备、任务实施、课后练习"等部分,既突出行业背景,又方便教学实施,更考虑学生的可持续发展。

本书由徐帅主编,武银飞、王美红、杨晓芳担任副主编,全书由徐帅组织编写和负责统稿。本书在编写过程中参考了许多相关图书和论文资料,在此特向这些文献资料的作者致以真挚的谢意!

本书配套教学内容的在线课程已在"智慧职教"上线,欢迎读者前去学习(现代纺织技术专业资源库下"纺织机电一体化"子库,课程名"纺织电气控制基础")。此外,MOOC平台"纺织机电一体化"作为本教材的拓展课程,读者也可利用其进行继续学习。本书编写组将进一步加快进度,全面形成在线课程,敬请关注。

编　者

2017 年 9 月

目录

项目一　制作直流稳压电源

任务背景

在目前的各种电子设备中，用于控制单元的电路均使用稳定的直流电。比如计算机、智能手机的 CPU 一般采用直流 5V 或直流 3.3V，纺织设备中电气控制单元的 CPU 也不例外（如织机的单片机要求直流 5V），而日常生活中的市电是交流 220V，本项目要解决的问题就是将其转换为需要的直流电。

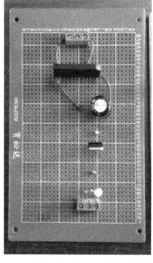

理论内容与要求

1. 了解电路的基本知识。
2. 了解二极管的单向导电性。
3. 了解电容的特性及其种类。
4. 了解变压、整流、滤波等概念。
5. 了解发光二极管的使用。

实践内容与要求

1. 能识别有极性电容与无极性电容。
2. 能按照电路图在万用板上布置元器件。
3. 能进行电子元件焊接。
4. 能使用万用表检查元件和电路。

用具器材

50VA 的 BK 系列变压器、二极管桥堆、7815 稳压芯片、电解电容、独石电容、电阻、发光二极管。

知识准备

一、电路的基本知识

（一）电路和电路图

电路就是电的流通路径，通常由电源、负载、连接导线和控制器组成。其中，电源是将非电能转换为电能的设备，如电池、发电机等。负载是将电能转换为非电能的设备，如电灯、电炉、电动机等。连接导线用以传输及分配电能，控制器用来控制电路通断、保护电源，如开关、熔断丝、继电器等。图1-1是一个最简单的电路，也就是日常生活中经常用到的手电筒简单电路。

在实际生活中，为便于分析，通常将电路中的实际元件用图形符号表示，称为电路原理图，也叫电路图。图1-2是图1-1的电路图。

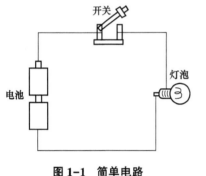

图1-1　简单电路　　　　　图1-2　简单电路的电路图

（二）电路的功能与黑箱理论

1. 电路的功能

电路的功能主要有两种。一是实现电能的传送、分配和转换，这方面最典型的例子是电力系统，实现这些功能的电路即平时所说的"强电"电路，特点除实现上述功能外，它们的电压、电流较大，但结构相对简单。二是实现电信号的传递和处理，最典型的例子如恒温槽系统中的传感器与控制器内部的电路，实现这些功能的电路即平时所说的"弱电"电路，特点除实现上述功能外，它的电压、电流较小，结构较复杂。还可以结合实际生活中的电路找出更多的例子。比如教室里照明电路及手机内部的电路功能。

2. 黑箱理论

实际使用中，设备上的电路尤其是弱电部分一般比较复杂，分析复杂电路需要很深的理论基础，设计此类电路则更是如此。对于非电类专业学生，分析复杂电路或者设计电路是不必完全掌握的技能，但由于学习专业的需要，对于专业上的各种设备涉及的电路的功能一定要比较清晰深入地进行了解。在不了解电路结构与原理的情况下，如何更好地理解电路的功能，这就需要用"黑箱理论"。

所谓"黑箱"，就是指那些既不能打开，又不能从外部直接观察其内部状体的系统，比如人们的大脑只能通过信息的输入输出来确定其结构和参数。"黑箱"研究方法的出发点在于：

即使不清楚黑箱的内部结构，仅注意到它对于信息刺激如何做出反应，注意到它的输入—输出关系，就可以对它进行研究。在科学、计算和工程中，黑箱是一种设备、系统或对象，可以根据其输入和输出（或传输特性）来看待，而不需要了解其内部工作组成或原理。

在电子科学高度发达的今天，各种电子集成元件以及各种集成的控制器、传感器大量被使用，这些器件用于工业上时，往往出于耐用性考虑采用了牢固的封装，从而使得这些器件成为一个个"黑箱"。对此，作为非专业的使用人员，将其作为黑箱理解是掌握其应用的最好途径。有一定基础后，如需进一步学习，可将"黑箱"拆解，将其内部的组成元件或模块视作一个个"小黑箱"，如此循环往复、步步深入。实际生产中的电气设备维修，也经常使用"黑箱理论"：即不去关注内部具体哪一个电子元件坏，而通过检测输入输出的异常，找出整块故障电路板，进行更换后排除故障、恢复生产。

（三）电路的基本概念

1. 电流

（1）电流的概念。水管中的水流有大有小，在相同的时间内，从水管中流出的水越多，水流就越大。导体中的电流与之类似，在相同的时间内，从导体中流出的"电"越多，电流就越大。这里的"电"指电荷，在水管中流动的是水分子，在金属导体中流动的则是电荷，并且是负电荷，也就是电子。物体所带电荷的多少用电量表示，电量的单位是库，符号是 C。用日常生活中的电动车可以很好地说明电量这一概念：如果电动车没有充满电，蓄电池里的电量只有最大时的一半，那么它可以行驶的路程也会降到最大路程的一半。库是很大的单位，一个电子的电量是 1.60×10^{-19} 库。实验指出，任何带电粒子所带电量，或者等于电子或质子的电量，或者是它们的电量的整数倍，自然界不会有半个电子，因而也没有 0.8×10^{-19} 库这样的电量存在。

电流常用 I 表示，它的单位是安，符号是 A。如果在 1s 内通过导体横截面的电量是 1C，导体中的电流就是 1A。同理，如果 10s 内通过导体横截面的电量是 20C，则导体中的电流为 20/10＝2A。电流的单位除了安之外，还经常用毫安（mA）、微安（μA）表示电流，它们的换算关系是 1A＝1000mA，1mA＝1000μA。安是一个比较大的单位，10A 以上的电流已经比较大，百安、千安的电流在日常生活中已经很少见，一般只有在电力系统中会碰到。

电流不但有大小，还有方向，电流的流向是客观存在的，习惯规定正电荷的流动方向或负电荷流动的反方向为电流的流向。

（2）电流的分类。电流可以分为直流电流与交流电流。如图 1-3 所示，直流电流指电流的大小和方向不随时间变化的电流。交流电流指电流的大小和方向随时间变化的电流，常见的有正弦交流电流，如图 1-4 所示。我国使用频率为 50Hz 的交流电。

2. 电压

（1）电压的概念。电荷之所以运动形成电流，原因则是电路中存在电压。

电压常用 U 表示，单位是伏特，简称伏，符号是 V，一节干电池的电压 U＝1.5V，上述电动车的蓄电池电压 U＝48V。单位还有千伏（kV）、毫伏（mV）、微伏（μV）等。它们的换算关系如下：1kV＝1000V，1V＝1000mV，1mV＝1000μV。

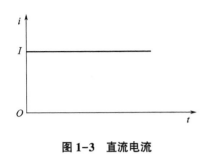

图1-3 直流电流

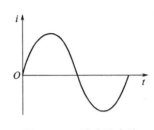

图1-4 正弦交流电流

同电流一样，电压不但有大小，而且还有方向，电压的实际方向规定为：由实际高电位指向实际低电位。在电路中任选一参考点，计算或测量其他各点对参考点的电压降，所得的结果就是该点的电位。

对于"电位"，需要说明以下几点。

①电位是相对物理量，如果不确定参考点，讨论电位的高低无意义。

②在同一电路中，参考点不同时，各点电位值不同。

③在同一电路中，参考点确定后，电路中各点电位有唯一确定数值。

④常选大地或设备机壳作为参考点。

⑤电位的单位与电压单位相同。

（2）电压的分类。电压可分为直流电压和变动电压两大类。

直流电压是指大小和方向均不随时间变化的电压（图1-5），也称为恒定电压，一般也用大写符号 U 表示。

大小和方向均随时间变化的电压，称为变动电压，如图1-6所示的方波电压即为变动电压。周期性变化且平均值为零的变动电压称为交流电压，常见正弦交流电压如图1-7所示。

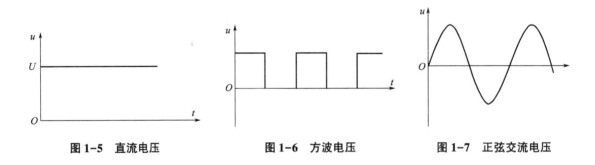

图1-5 直流电压　　　　图1-6 方波电压　　　　图1-7 正弦交流电压

3. 电源

电源是把其他形式的能量转化成电能的一种装置，它迫使正电荷从低电势经电源内部移向高电势处。电源就是一种提供电能的装置，电源的作用可总结为：电源使电荷由低电位处移动到高电位处，从而形成电源两端间的电压，电压又进一步使电荷流动形成电流。

最简单常见的电源就是干电池，它将化学能转化成电能，它的电压都是 1.5V。手机的锂离子电池也是一种电源，它提供的电压是 5V。干电池与手机电池都是直流电源，它们在正常使用时对外提供的电压是恒定的，而家庭中照明使用的电是发电机提供的，发电机就是电源，它将机械能转化为电能，提供的电压是交流 220V 电压。本项目的最终任务就是制作一款直流稳压电源，它能把 220V 交流电转换成 15V 直流电。

二、直流稳压电源的工作原理

本项目制作的直流稳压电源的电路如图 1-8 所示，其工作原理（图 1-9）是首先通过变压器将 220V 的交流电电压减少至 20V，然后通过二极管进行整流以获得单向的电压，再通过 7815 芯片进行稳压，同时利用电容进行滤波，最后获得稳定的 15V 直流电压。这里可以利用上述黑箱理论解释如下。

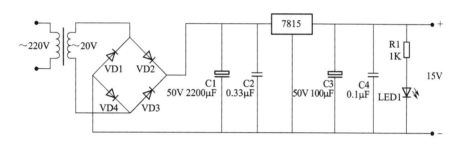

图 1-8 直流稳压电源电路图

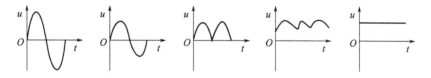

图 1-9 直流稳压电源的工作原理

1. 变压器

输入：220V 交流电；输出：20V 交流电。其作用是转换电压。

2. 二极管桥路

输入：正负半周均有的交流电压；输出：只有正半周的交流电压。其作用是整流。

3. 7815 芯片

输入：只有正半周的交流电压；输出：带杂波的直流电压。其作用是稳压。

4. 电容

这里电容的情况比较特殊，接法上是跨接在电路两极，它的作用：滤除低频和高频杂波，使输出的 15V 电源更加恒定。

当然，整个电路也可以看成一个更大的黑箱，它的输入是 220V 交流电，输出是 15V 直流电。

三、直流稳压电源的元器件

制作直流稳压电源需用的元器件主要有变压器、二极管、7815 芯片和电容。下面分别加以介绍。

（一）变压器

在实际应用中，常常需要改变交流电的电压，大型发电机发出的交流电，电压有几万伏，而远距离输电却需要高达几十万伏的电压。各种用电设备所需的电压也各不相同，电灯、电炉等家用电器需要 220V 的电压，机床上的照明灯需要 36V 的安全电压，一般电子管的灯丝只需 6.3V 的低电压，电视机显像管高压阳极却需要 1 万多伏的高电压。交流电便于改变电压，以适应各种不同的需要。变压器就是改变交流电电压的设备。

1. 变压器的结构

绕在同一骨架或铁芯上的两个线圈便构成了一个变压器。变压器的种类很多，按用途分为电力变压器、调压变压器、电压互感器等，按工作频率不同分为高频变压器、中频变压器和低频变压器。

尽管变压器的种类很多，但基本结构是相同的，都由铁芯和绕组两部分组成（图 1-10）。

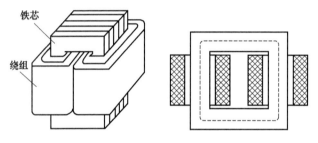

图 1-10 变压器的外形及结构

铁芯构成了电磁感应所需的磁路，为了增强磁的交链，尽可能地减小涡流损耗，铁芯常用磁导率较高而又相互绝缘的硅钢片相叠而成。每一片厚度为 0.35~0.5mm，表面涂有绝缘漆。

变压器的绕组是用绝缘良好的漆包线绕成。变压器工作时与电源连接的绕组叫初级绕组（也叫原线圈），与负载连接的绕组叫次级绕组（也叫副线圈）。变压器绕组的一个重要问题是必须有良好的绝缘。绕组与铁芯之间、不同绕组之间及绕组的匝间和层间的绝缘要好。为此，生产变压器时还要进行去潮、烘烤、灌蜡、密封等处理。实际使用中，变压器的初级绕组和次级绕组进线出线都有对应的接线柱，使用中要注意接正确，否则会产生严重后果。

2. 变压器的工作原理

变压器工作原理：原线圈与副线圈的电压之比等于这两个线圈的匝数比 n（也称变压比）。设原线圈的匝数是 N_1，副线圈的匝数是 N_2，原线圈两端电压为 U_1，副线圈电压为 U_2，则它们之间的关系如下：

$$\frac{U_1}{U_2} = \frac{N_1}{N_2} = n$$

如果 $N_2 > N_1$（$n < 1$），U_2 就大于 U_1，变压器就使电压升高，这种变压器叫作升压变压器；如果 $N_1 > N_2$（$n > 1$），U_1 就大于 U_2，变压器就使电压降低，这种变压器叫作降压变压器，很显然，本例中使用的是一种降压变压器。

需要说明的是，当给变压器的初级线圈加上直流电压时，初级线圈中流过的是直流电流，此时初级线圈产生的磁场大小和方向均不变，这时次级线圈就不能产生感生电动势，也就是次级线圈两端无输出电压（没有交流电压也没有直流电压输出）。此外，变压器两端的交流电频率是一样的，变压器不能变换电压的频率。

由此可知，变压器不能将初级线圈中的直流电流加到次级线圈中，具有隔直的特性。当流过变压器的初级线圈中的电流为交流电流时，次级线圈两端有交流电压输出，所以变压器能够让交流电通过，具有通交的作用。

3. 变压器的额定参数

为确保变压器合理、安全运行，生产厂家根据国家技术标准，对变压器的工作条件进行了使用上的规定，为用户提供了变压器的允许工作数据，称为额定值。它们通常标注在变压器的铭牌上，故也称为铭牌值，并用下标"N"表示。

（1）额定电压（U_{1N}/U_{2N}）。根据变压器的绝缘强度和允许温升所规定的电压值，U_{1N} 是指原线圈电源电压的有效值，U_{2N} 是指当原边加电压 U_{1N} 时，副边空载时副边电压的有效值。

（2）额定电流（I_{1N}/I_{2N}）。原、副边额定电流值 I_{1N} 和 I_{2N} 是指原边、副边允许通过的最大电流，是根据绝缘材料允许的温度确定的。变压器的满载运行是指变压器负载运行时的副边电流 $I_2 = I_{2N}$ 的运行方式，也称为变压器带额定负载运行；欠载运行是指 $I_2 < I_{2N}$ 的运行方式；过载运行则是指 $I_2 > I_{2N}$ 的运行方式。

（3）额定容量（S_N）。S_N 是指副边输出的额定视在功率，单位是 VA 或 kVA。由于变压器的效率很高，所以，通常原边、副边的额定容量设计得相等。对于常用的单相变压器：$S_N = U_{2N}I_{2N} = U_{1N}I_{1N}$。

重点提示：S_N 反映了变压器传输电功率的能力，但不是实际的输出功率 P_2。这是因为 P_2 为负载的功率，与负载的功率因数有关。例如，容量为 $S_N = 10kVA$ 的变压器，当接入的负载的功率因数 $\cos\varphi = 0.8$ 时，变压器的输出功率为：

$$P_2 = U_{2N}I_{2N}\cos\phi = S_N\cos\phi = 10 \times 0.8 = 8(kW)$$

也就是说，虽然电压电流能产生 10kW 的功率，但实际过程中只产生了 8kW 的功率。

（4）额定频率（f_N）。f_N 是指变压器的工作频率，单位为 Hz。我国规定的工业标准频率（简称工频）为 50Hz（某些国家为 60Hz）。频率的改变将影响变压器的某些工作参数，影响变压器的运行性能。

（二）二极管

几乎在所有的电子电路中，都要用到晶体二极管，它在许多电路中起着重要的作用，是最早的半导体器件之一，其应用也非常广泛。二极管是晶体二极管的简称，也叫半导体二极管，用半导体单晶材料（主要是锗和硅）制成，是半导体器件中最基本的一种器件，是一种具有单方向导电特性的半导体器件。如图 1-11 所示，二极管外壳的一端有一个环形标记，代表二极管的负极，只能接到电源的负极，如果在电路中把二极管的极性接错，可能将二极管或其他电子元器件烧毁。二极管的符号如图 1-11 所示。

图 1-11 二极管的外形及电路符号

二极管种类有很多，按照所用的半导体材料，可分为锗二极管（锗管）和硅二极管（硅管）。根据其不同用途，可分为检波二极管、整流二极管、稳压二极管、开关二极管等。按照管芯结构，又可分为点接触型二极管和面接触型二极管。由于内部结构是点接触，所以点接触型二极管只允许通过较小的电流（不超过几十毫安），适用于高频小电流电路，如收音机的检波等。面接触型二极管则允许通过较大的电流（几安到几十安），主要用于把交流电变换成直流电的"整流"电路中。

本项目中主要用到的是整流二极管，考虑到通过二极管的电流不是太大，为节约成本，使用点接触型二极管。整流正是利用二极管的单向导电性，二极管单向导电的原理较复杂，本书不加以展开，有兴趣的同学可以利用网络或参考书自行学习，这里将其视作"黑箱"并就其导电特性加以介绍。

1. 二极管的伏安特性

二极管的伏安特性是指加在二极管两端的电压和流过二极管的电流之间的关系，它表现为一条曲线，如图 1-12 所示。特别指出：二极管是由半导体制成，导电性较特殊，它不遵循欧姆定律。

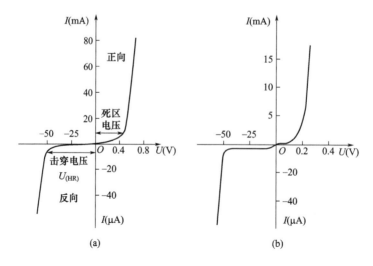

图 1-12 二极管的工作特性

（1）正向偏压和反向偏压。伏安曲线电压为正的右半部分称为正向导通区。对应的电路连接方法为二极管正极与电源正极相连，负极与电源负极相连。这种连接方法又可叫作"加正向偏压"，如图1-13所示；反之叫作"加反向偏压"。

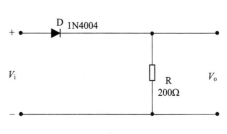

图1-13　二极管加正向偏压接法

（2）正向特性。正向特性的起始部分，正向电流几乎为0。这是由于外加正向电压很小，二极管没有导通（二极管不导通的本质机理可以通过对PN结知识的学习来回答，本书略），呈现很高的电阻。这段区有个名称——死区。随着外加正向电压的升高，二极管开始导通，电路的电流开始逐渐变大。

对应于二极管开始导通时的外加正向电压称为死区电压，硅管约为0.5V［图1-12（a）］，锗管的死区电压约为0.1V［图1-12（b）］。关于锗管和硅管的区分可以根据二极管的型号来查询器件手册，也可将万用表拨到R×100Ω档或R×1kΩ档，表笔的正极接二极管的负极，负极接二极管的正极。测量结果阻值较小的属于锗管，阻值较大的属于硅管。

（3）二极管的管压降。如果说锗管的死区电压约为0.1V，那让锗管正常工作的正向电压应该大于0.1V。实际测量得到的结果是，要让锗管正常导通的电压为0.2~0.3V。这个电压值称为二极管的管压降。

结论是：二极管的管压降是指当外加正向偏置电压时，二极管能进入正常导通状态时所必需的最小外加电压。硅管的管压降为0.6~0.7V。

（4）反向特性和击穿特性。加到二极管上的电压有"正向偏压"和"反向偏压"两种方式。加正向偏压时的特性就是正向特性。反向特性对应图1-12的伏安特性曲线的左半部分。

在伏安特性曲线中，如果外加反向电压不超过一定范围，电路中的电流几乎没有变化。说明在一定的电压内，二极管几乎不导通。但当外加电压超过某一定值时，反向电流将突然增大，二极管失去单向导电性，这种现象称为击穿。二极管被击穿后，一般不能恢复原来的性能，便失效了。产生击穿时加在二极管上的反向电压称为反向击穿电压（最高反向工作电压）。

2. 二极管的参数

（1）最大整流电流 I_F。最大整流电流是指二极管长期连续工作时允许通过的最大正向电流值。因为电流通过二极管时会使管芯发热，温度上升，温度超过容许限度（硅管为150℃左右，锗管为90℃左右）时，就会使管芯过热而损坏。所以，二极管使用中不要超过二极管最大整流电流值。例如，常用的1N4001型~1N4007型锗二极管的最大整流电流为1A。

（2）最高反向工作电压 U_R。加在二极管两端的反向电压高到一定值时，会将二极管击穿，失去单向导电能力。为了保证使用安全，规定了最高反向工作电压值。例如，1N4001二极管反向耐压为50V，1N4007反向耐压为1000V。

（3）反向电流 I_R。反向电流是指二极管在规定的温度和最高反向电压作用下，流过二极管的反向电流。反向电流越小，二极管的单方向导电性能越好。值得注意的是，反向电流与温度有着密切的关系，温度大约每升高 10℃，反向电流增大 1 倍。例如，2AP1 型锗二极管，在 25℃时反向电流若为 250μA，温度升高到 75℃，反向电流已达到 8mA，不仅失去了单方向导电特性，还会使二极管过热而损坏。

（4）最大整流电流下的正向电压降 U_F。当正向电流流过二极管时，二极管两端就会产生正向电压降。在一定的正向电流下，二极管的正向压降越小越好。在通常情况下，锗二极管的正向压降不超过 0.3V，硅二极管的正向压降不超过 0.7V。测试时，如果二极管的正向电压降超过了规定的数值，二极管就不合格。

3. 整流电路

（1）单相半波整流电路。图 1-14 是单相半波整流电路，它是最简单的整流电路，由整流变压器 Tr、整流元件二极管 D 和负载电阻 R_L 组成。由于二极管 D 具有单向导电性，只当它的阳极电位高于阴极电位时才能导通。在变压器二次侧电压 u 的正半周时，其极性为上正下负（图 1-14），即 a 点的电位高于 b 点，二极管因承受正向电压而导通。在电压 u 的负半周时，a 点的电位低于 b 点，二极管因承受反向电压而截止，负载电阻 R_L 上没有电压。因此，在负载电阻 R_L 上得到的是半波整流电压 u_o。在导通时，二极管的正向压降很小，可以忽略不计，因此，可以认为 u_o 的这半个波和 u 的正半周是相同的。

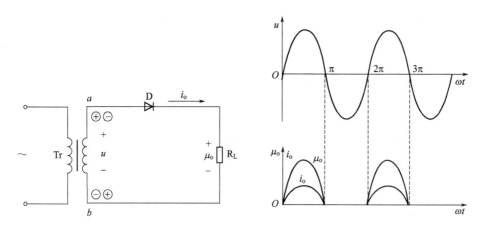

图 1-14 单相半波整流电路

（2）单相桥式整流电路。单相半波整流的缺点是只利用了电源的半个周期，同时电流电压的脉动较大。为了克服这些缺点，常采用全波整流电路，其中最常用的是单相桥式整流电路。它是由四个二极管接成电桥的形式构成的，如图 1-15 所示。

在变压器二次侧电压 u 的正半周时，其极性为上正下负，即 a 点的电位高于 b 点，二极管 D_1 和 D_3 导通，D_2 和 D_4 截止，电流 i_1 的通路是 $a \rightarrow D_1 \rightarrow R_L \rightarrow D_3 \rightarrow b$。这时，负载电阻 R_L 上得到一个半波电压，如图 1-16（b）中的 0~π 段所示。

在电压 u 的负半周时，变压器二次侧的极性为上负下正，即 b 点的电位高于 a 点。因此，D_1 和 D_3 截止，D_2 和 D_4 导通，电流 i_2 的通路是 $b \rightarrow D_2 \rightarrow R_L \rightarrow D_4 \rightarrow a$。同样，在负载电阻上得到个半波电压，如图 1-16（b）中的 π~2π 段所示。显然，全波整流电路对于交流电的利用

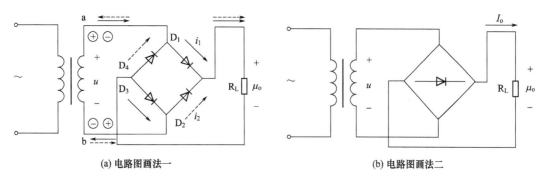

(a) 电路图画法一　　　　　　　　　　　　　(b) 电路图画法二

图 1-15　单相桥式整流电路

率更高。

　　至于二极管截止时所承受的最高反向电压，从图 1-16（b）可以看出。当 D_1 和 D_3 导通时，如果忽略二极管的正向压降，二极管 D_2 和 D_4 的阴极电位就等于 a 点的电位，阳极电位就等于 b 点的电位。所以二极管所承受的最高反向电压就是电源电压的最大值。

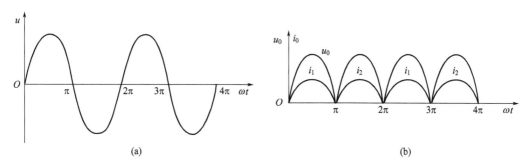

(a)　　　　　　　　　　　　　　　　　　(b)

图 1-16　单相桥式整流前后的电路波形图

　　（3）全桥整流堆。桥式整流电路可以用 4 只二极管按如上规律连接而成，也可以选用全桥整流堆（也叫整流桥）。如图 1-17 所示，整流桥有 4 根引脚，其内部包含了 4 只二极管。

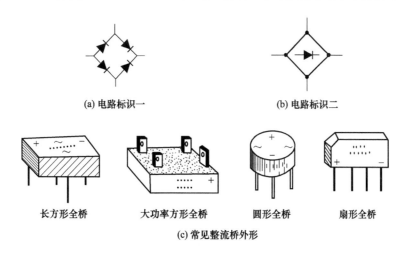

(a) 电路标识一　　　　　　　　　　　　　(b) 电路标识二

长方形全桥　　　大功率方形全桥　　　圆形全桥　　　扇形全桥

(c) 常见整流桥外形

图 1-17　整流桥的电路标识与外形

使用前确定电路的最大电流值，然后购买额定电流比最大电流值稍大的整流桥即可。

（三）7815 三端集成稳压器

7815 三端集成稳压器的主要作用是稳压，是一种将稳压电路中的各种元件（二极管、三极管、电阻等）集成于一个硅片上的集成电路。

1. 集成电路

集成电路（Integrated Circuit，IC）指将一个电路的大量元器件集合于一个单晶片上所制成的器件，某些场合下又称为集成块或芯片。它是 20 世纪 60 年代初期发展起来的一种新型半导体器件。它是经过氧化、光刻、扩散、外延、蒸铝等半导体制造工艺，把构成具有一定功能的电路所需的半导体、电阻、电容等元件及它们之间的连接导线全部集成在一小块硅片上，然后焊接封装在一个管壳内的电子器件。其封装外壳有圆壳式、扁平式或双列直插式等多种形式。图 1-18 是几种直插式和扁平贴片式的集成电路。

图 1-18 各种集成电路

集成电路具有体积小、重量轻、引出线和焊接点少、寿命长、可靠性高、性能好等优点，同时成本低，便于大规模生产。它不仅在工业、民用电子设备如收录机、电视机、计算机等方面得到广泛的应用，同时在军事、通信、遥控等方面也得到广泛的应用。

集成电路内部结构一般非常复杂，否则没有集成的必要。集成电路内部的电路构成一般是除设计制作者外的使用者无法得知的，当然使用者也不必了解其构成，只需知晓其各个引脚的作用与参数即可，因此，它是一种典型的黑箱。

2. 7815 三端集成稳压器

7815 三端集成稳压器是一种集成块，它只有输入、输出和公共地线 3 个端子，使用时极为方便。典型产品有 78×× 正电压输出系列和 79×× 负电压输出系列。78×× 和 79×× 系列三端稳压器额定电压为 5V、6V、8V、9V、10V、12V、15V、18V、20V 和 24V 共 10 种。对应的型号就是在 78 或 79 后边写上额定电压的值。比如额定电压为 8V 的型号为 7808、7908；额定电压为 15V 的型号为 7815、7915。输出电流以 78（或 79）后面加字母来区分，L 表示 0.1A，M 或 D 表示 0.5A，无字母表示 1.5A，如 78M12 表示 12V　0.5A，78L05 表示 5V　0.1A。

图 1-19 所示为三端稳压集成电路的管脚判别。其中 V_i 为输入端，V_o 为输出端，GND 为公共地线端。

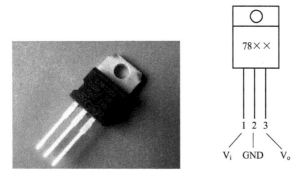

图 1-19　7815 三端集成稳压器的外形与管脚

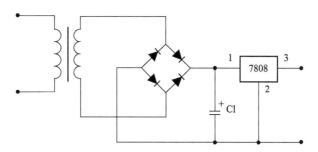

图 1-20　三端集成稳压器构成的稳压电路

　　三端稳压集成电路体现稳压效果的工作原理：在图 1-20 所示的电路里，如果输入 7808 的电压低于 8V，那么输出的电压也会低于 8V，这时起不到稳压的作用。当输入 7808 的电压高于 8V 时（但不应超过 40V），则它的输出会严格控制在 8V，这时起到了稳压的作用。所以，有时在电源电路里，使用三端稳压器来降低电压。使用时必须注意：以 7805 为例，该三端稳压器的固定输出电压是 5V，而输入电压至少大于 7V，这样输入/输出之间有 2~3V 及以上的压差。但压差取得大时，又会增加集成块的功耗，所以，两者应兼顾，既保证在最大负载电流时调整管不进入饱和，又不至于功耗偏大。

（四）电容

1. 电容的基础概念

　　电容器（简称电容）是电子电路中常用的电子元件之一。电容器由两块金属板中间隔一层绝缘介质所构成。电路中电容器的代号用符号 C 来表示。电阻的大小用欧姆（Ω）衡量，电容的大小则用法（F）来描述。法这一单位是很大的，电子电路中几乎不会出现 1F 这样大的电容，所以更常用的单位有微法（μF）、皮法（pF），它们之间的关系是：

$$1F = 10^6 \mu F = 10^{12} pF$$

　　电容的种类非常多，外形差别也很大，这里介绍最常见的。常见电容主要有无极性电容和有极性电容，电路标识分别如图 1-21、图 1-22 所示。无极性电容常见的有瓷质电容和独石电容，有极性电容常见的有电解电容。

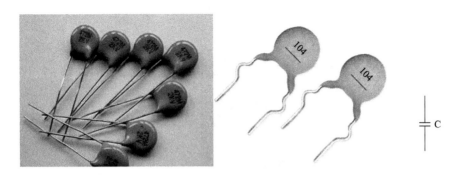

图1-21　瓷质电容与独石电容

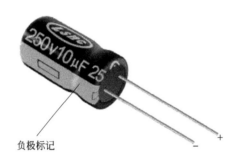

负极标记

图1-22　电解电容及其正负极识别

无极电容器的外壳上有表示容量的数字。比如在电容上看到"104"，则前两位表示有效数，后一位为倍率，单位为pF，表示方法为104表示容量为$10 \times 10^4 \text{pF} = 0.1 \mu \text{F}$。而电解电容在其外壳上直接印有容量及额定直流电压值。使用时请注意选择额定电压值。极性的识别如图1-22所示。电解电容的常见额定电压有6.3V、10V、16V、25V和50V等几种，在选择器件时应保证其额定电压值至少比电路的最大电压大一级。特别要指出的是，电解电容在电路中极性不能接反，否则过大的反向电压会引起电容爆炸。

2. 电容的特性

电容的最重要特性就是"隔直流、通交流"。电容器的原始模型就是两块平行放置的互相不接触的金属板。如图1-23所示，把电容器两端接到电池的正极、负极上，闭合开关S，电容器进行充电。在充电过程中，电路里有电流流动，原因是接正极的金属板上的电子会被电池的正极吸引过去，而接负极的则从电池负极得到电子。当电容器的电压和电池的电压相等时，充电过程停止，电路中不再有电流流动，电容器相当于开路。这也就是电容器能"隔断"直流的道理所在。

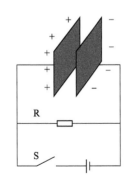

图1-23　电容的充放电过程

当把开关断开后，电容器开始通过电阻R放电，电流的方向与充电时的电流方向相反。随着放电过程的进行，两金属板间电压降低，直到它们之间的电势差为 0 时放电停止。

如果给电容器两端接上交流电，电容器两端则交替地进行充电和放电，电路中就会不断地有电流在流动。这就是电容器能"通过"交流的原理。

利用电容的"隔直流、通交流"和储能特性，电容在电路中最广泛的应用之一就是滤波。经过二极管电桥后，电压电流已经只有正半周，但其周期的"波"仍然存在，甚至在经过 7815 集成块稳压后，也会存在一些高频杂波，要把这些波去除，就需要用电容进行滤波。所谓滤波，就是指滤掉输出电压中的脉动成分，而尽量保持其直流成分，所以电容是跨接在电压两极间的，此时的电容好似专门为电路中的交流成分的电流开辟了一条通道，让它们在此形成回路而不再输出。

任务实施

一、项目任务

按照电路图，制作 15V 直流稳压电源。要求该电源输入是交流 220V 电压，输出是 15V 直流电。

二、用具器材

万用电路板 1 块、整流桥堆 1 只（或整流二极管 1N4001 共 4 只）、发光二极管（LED）、50V 2200μF 电解电容 1 只，50V 100μF 电解电容 1 只，0.33μF 和 0.1μF 瓷质电容各 1 只、220V 转 20V 变压器 1 只、7815 芯片 1 枚、万用表、电烙铁、焊锡、导线。

三、实施步骤

（1）利用网络、图书进一步学习直流稳压电源的原理，熟读电路图。

（2）对照万用表说明书，学习使用万用表，并检测变压器、发光二极管（LED）的好坏，测量电阻的阻值表 1-1。（二维码 1-1~1-5）

表 1-1　测量电阻值

变压器初级线圈电阻	变压器次级线圈电阻	整流二极管好坏	R_1 阻值	LED 好坏	电容好坏

* 电容检测有专门的电容表或带检测电容功能的万用表，对于不带检测电容功能的万用表，可参照如下方法检测电容好坏：首先将电容放电，然后将数字万用表置于 R×1k 档，用两表笔分别接触电容的两脚，观察万用表数值的变化。正常情况下，此数值应很快由小变大，直至溢出为 1。若一直显示为 0 或 1 且无变化，则说明此电容已损坏（原理参照电容充电过程）（图 1-24）。

1-1　二极管测量

1-2　电容测量

1-3　电阻测量

1-4　发光二极管测量

1-5　稳压芯片检查

（3）为变压器一次侧焊上导线，并制作插头，使其能方便与实训场所的插座连接。

（4）按照电路图在电路板上首先安插好各元器件，规划好线路布置，并互相检查、改正。

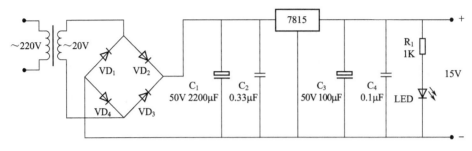

图1-24　电路图

（5）利用电烙铁进行焊接。（二维码1-6）

（6）焊接完成后进一步检查有无错焊、漏焊，发现错误及时整改。

（7）在教师指导下通电试验，利用万用表进行电压测量，并记录结果（表1-2）。（二维码1-7）

1-6　直流稳压电源焊接

1-7　直流稳压电源检查

表1-2　万用表电压测量结果

变压器一次侧电压	变压器二次侧电压/桥堆输入电压	桥堆输出电压	R₁两端电压	LED两端电压	输出端电压

课后练习

书面作业

1. 利用课余时间到市场上调查变压器、二极管、电容的集中销售点、售价、常见型号，并形成书面报告。

2. 利用网络模拟购买本项目中涉及的电子元器件，形成书面报告。

3. 完成书面作业如下。

（1）什么是电位？它的值在电路中是恒定不变的吗？它的单位是什么？

（2）变压器的工作原理是什么？变压器的主要参数有哪些？

（3）二极管的导电特性有哪些？

（4）画出单相桥式整流电路的电路图。

（5）在直流稳压电路中，电容的作用是什么？电容的主要特性是什么？

（6）电容的单位是什么？它主要有哪些种类？

实践作业

上网查找利用LM317芯片的可调直流稳压电路图，并自行购买元器件制作。

项目二　制作简易强力仪

任务一　认识应变式力传感器

任务背景

在纺织行业中，对张力的测试与控制是非常重要的，举个简单的例子：生产过程中，纱线的张力太小，纱线就会互相缠绕；张力太大，虽然纱线不再互相缠绕，但却有可能发生断裂，所以施加在纱线上的力一定要大小合适，因此，需要明确纱线能承受的最大张力，强力仪就是测量纱线能承受最大张力的仪器。

强力仪的核心器件之一就是应变式力传感器，它能将力转换为对应的电参量的变化，如电阻的变化。经过一定的测量电路，给测力传感器通电，电阻的变化将转变为对应电压输出。

理论内容与要求

1. 了解单纱强力仪的组成及工作原理。

2. 了解应变式力传感器的组成及工作原理。

3. 了解应变片的结构和工作原理。

4. 了解传感器的一般特性参数。

5. 了解传感器测量电路的概念。

6. 了解电桥电路的原理和应用。

实践内容与要求

1. 能识读应变式力传感器的说明书。

2. 能用万用表对应变式力传感器的一些特性参数进行测试验证。

用具器材

悬臂梁式应变传感器、万用表、砝码。

知识准备

一、强力仪的工作原理（二维码 2-1）

强力仪就是测量纱线各种力学性能（如能承受的最大拉力、规定伸长下产生的回复力）

**2-1 强力仪的认识与
机电一体化的概念**

的仪器，专门测量纱线强力的强力仪称为单纱强力仪，纺织领域内，还有测量纤维力学性能的纤维强力仪以及测量织物力学性能的织物强力仪。强力仪还普遍用于纺织以外的领域，如测量钢丝、复合材料的力学性能。

强力仪的测力部分的工作原理与电子秤类似，不同的是电子秤称量的是静态的重量，而强力仪测量的则是动态的力。强力仪的具体工作原理如图 2-1 所示，力传感器将纱线承受的力转换为电量，该电量

一般为电压，并与力的大小成固定的函数关系（一般为线性关系），由于由传感器输出的电压一般较小，所以采用放大电路对电压信号进行一定程度放大，放大后的信号输入中央处理单元（一般是一块单片机），单片机进行一定的运算，得出力值后送给显示器显示。中央处理单元还将纱线在被拉长过程中所受的力全程记录下来，这样就可以清楚得知纱线断裂时加在纱线上的最大的力值。纱线拉长是由电动机带动相关机构实现的，很多情况下不但要知道纱线承受的最大拉力，还要知道此时纱线的伸长，张力仪上有转数传感器来监测整个过程中电动机的转动圈数，以换算出伸长量。

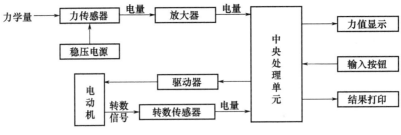

图 2-1 强力仪工作原理

本项目要求制成一个简易的张力仪，其结构如图 2-2 所示，其中稳压电源就是上一个项目制成的直流稳压电源。

图 2-2 简易张力仪的组成

二、应变式力传感器的结构与工作原理（二维码 2-2）

（一）形变的概念

形变的概念，即对一个物体施加外力，物体就会产生变形，虽然有些物体的变形非常微

小，但还是会产生的，比如钢铁和玻璃。可以做一个简单的实验来验证微小形变的存在。实验对象是一个玻璃瓶。实验过程是：在玻璃瓶中装满的水，瓶口用中间插有细管（喝牛奶的细管）的软木塞上，然后用手捏玻璃瓶，再观察细管的液面，可以发现随着手的用力与否，液面在上升或下降，这就证实了：即使对于非常坚硬的物体，形变也是会产生的。不但如此，越是坚硬的物体，产生的形变与力越成线性关系，即满足如下关系：

2-2 应变式力
传感器的原理

$$F = k \times x$$

式中：F——作用力；

x——形变量；

k——材料的弹性模量，可理解为容易被拉伸的程度，比如橡皮筋比钢铁容易拉伸。

一般把坚硬物体产生的微小形变称为应变。

（二）应变式力传感器的结构与工作原理

应变式力传感器常见的有三种外形，如图2-3、图2-4所示，它们分别被称为柱式力传感器、S形力传感器、悬臂梁式力传感器。它们分别用在不同的场合，适合柱式力传感器大力测量，比如地磅测量汽车的重量；悬臂梁式力传感器适合微小的力的测量，比如常用电子秤；S形力传感器介于两者之间，比如测量织物能承受的拉力。单纱强力仪一般采用悬臂梁式力传感器。

(a) 柱式力传感器

(b) S形力传感器

图2-3 柱式与S形力传感器

(a) 实物图

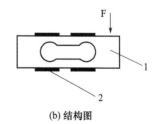

(b) 结构图

图2-4 悬臂梁式力传感器

下面以悬臂梁式力传感器为对象介绍其结构与原理。如图2-4（b）所示，悬臂梁式力传感器主体部分是金属制成、中间镂空的悬臂梁1，在其上下各有两片应变片2被用工业胶水与悬臂梁粘在一起并封装［图2-4（a）中不可见，白色覆盖物内部］。

悬臂梁式力传感器的工作原理是弹性敏感元件悬臂梁负责将力转换为应变，应变片进一步将应变转换为电参量的变化（这里是电阻变化），最终再由特定的测量电路将电阻的变化转换为电压、电流的对应变化。可见，应变片是应变式力传感器的核心元件。

三、应变片结构与原理

（一）应变与应变效应

1. 应变的概念

应变是材料力学领域内的一个专业概念，这里将其简化，具体如图2-5所示。当单位圆柱体被拉伸的时候会产生伸长变形 ΔL，那么圆柱体的长度则变为 $L+\Delta L$，由伸长量 ΔL 和原长 L 的比值所表示的伸长率（或压缩率）就叫作"应变"，记为 ε_1。

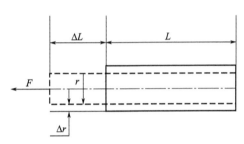

图2-5 应变示意图

$$\varepsilon_1 = \frac{\Delta L}{L}$$

与外力同方向的伸长（或压缩）方向上的应变称为"轴向应变"，上式 ε_1 即是轴向应变。而单位圆柱体在被拉伸的状态下，变长的同时也会变细。直径为 r 的棒产生 Δr 的变形时，直径方向的应变如下式所示：

$$\varepsilon_2 = \frac{-\Delta r}{r}$$

直径方向产生的应变 ε_2 称为"横向应变"。

应变表示的是伸长率（或压缩率），属于无量纲数，没有单位。实际应用中，由于量值很小（1×10^{-6}，百万分之一级别）通常用"微应变"（百万分之一）表示，或简单地用 $\mu\varepsilon$ 表示。如上述圆柱体发生 $200\mu\varepsilon$ 的应变，则应变大小为 $200\times10^{-6} = 2\times10^{-4} = 0.0002$，即万分之二。

2. 应变效应

金属导体在外力作用下发生机械变形时，其电阻值随着它所受机械变形（伸长或缩短）而发生变化的现象，称为金属的电阻应变效应。金属导体之所以产生电阻变化，是因为对金属导体而言，横截面越小电阻越大，长度越大电阻越大，而金属导体受拉力时，上述轴向应变和横向应变均使得电阻变大。应变与外力成正比关系，外力越大，应变越大，电阻变化也越大，这是利用应变效应制成能测力的应变片的理论基础。

（二）应变片的结构与原理

应变片有很多种类。如图2-6所示，一般的应变片是在称为基盘的塑料薄膜（15~

16μm）上贴上由薄金属箔材（图中显示为金属电阻片）制成的敏感栅（3~6μm），然后再覆盖上一层薄膜做成叠层构造。所以应变片实际上是非常薄（比一张纸稍厚）且微小的，一般的应变片不超过人小拇指指甲大小。

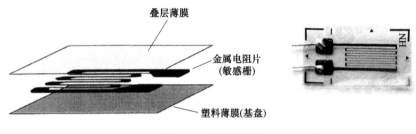

图 2-6 应变片结构

将应变片贴在悬臂梁上，使其随着悬臂梁的应变一起伸缩，这样由于应变效应，其电阻会随之变化。应变片就是应用这个原理，通过测量电阻的变化而对应变进行测定，再用应变与力的对应关系，最终测定力的大小。一般应变片的敏感栅使用的是铜铬合金，其电阻变化率为常数，与应变成正比例关系，即：

$$\frac{\Delta R}{R} = K \times \varepsilon$$

式中：R——应变片原电阻值，Ω；

ΔR——伸长或压缩所引起的电阻变化，Ω；

K——比例常数（应变片常数，又被称为应变片的灵敏度）；

ε——应变。

不同的金属材料有不同的灵敏度 K。铜铬合金的 K 值约为 2。这样，应变的测量就通过应变片转换为对电阻变化的测量。但是由于应变是相当微小的变化，所以产生的电阻变化也是极其微小的。例如，$R = 300\Omega$，$\varepsilon = 1000\mu\varepsilon$，取 $K = 2$，可以算得 $\Delta R = 0.6\Omega$。

要精确地测量这么微小的电阻变化是非常困难的，一般的电阻计无法达到要求。为了对这种微小电阻变化进行测量，需使用专门的测量电路进行测量。

四、测量电路（二维码 2-3）

（一）惠斯通电桥

惠斯通电桥适用于检测电阻的微小变化。如图 2-7 所示，惠斯通电桥由四个电阻组合而成。若 $R_1 = R_2 = R_3 = R_4$，则无论输入多大电压，输出电压总和为 0，这种状态称为平衡状态。保持平衡状态的另一条件是 $\dfrac{R_1}{R_2} = \dfrac{R_4}{R_3}$。结合项目一中电位的概念，现对电路进行详细分析。

2-3 应变式力传感器的测量电路

设输入电压 $E = 15\text{V}$，$R_1 = R_2 = 300\Omega$，$R_3 = R_4 = 500\Omega$，满足 $\dfrac{R_1}{R_2} = \dfrac{R_4}{R_3}$，需求的是 BD 间的电

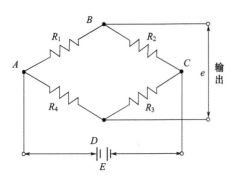

图 2-7　惠斯通电桥

压，即图中输出电压 e 的大小。分析过程：首先取定 C 点电位为 0（一般取电源负极电位为 0，C 点电位与负极同），计算得 $A \to B \to C$ 的电流为：

$$I_{ABC} = \frac{15}{300+300} = 25 \text{（mA）}$$

BC 间的电压满足欧姆定律：$U_{BC} = 25 \times 10^{-3} \times 300 = 7.5$（V）。已设定 C 点电位为 0，根据 $U_{BC} = V_B - V_C$，故 B 点电位为 $V_B = 0 + 7.5 = 7.5$（V）（注意是相加，因为电流从 B 点流向 C 点，B 点电位高于 C 点）。

同理，$I_{ADC} = \frac{15}{500+500} = 15$（mA），$U_{DC} = 15 \times 10^{-3} \times$

$500 = 7.5$（V）。D 点电位为 $0 + 7.5 = 7.5$（V）。这样，B、D 间的电压 $e = U_{BD} = V_B - V_D = 7.5 - 7.5 = 0$。也就是说，如果 B、D 间接入一个电阻，将不会有电流从其上流过。

1. 单臂电桥

上述电路中，如果有一个电阻发生变化，平衡就会被破坏，就会产生与电阻变化相对应的输出电压 e，这种结构也称为单臂电桥。如图 2-8 所示，现在用应变片取代 R_1，应变片不受外力时的阻值仍为 300Ω，输出电压 e 为 0。

当应变片受外力作用，电阻值比原来增大 $\Delta R = 0.6$Ω，即 R_1 由原来的 300Ω 变为 300.6Ω，这时，

$I_{ABC} = \dfrac{15}{300+300.6}$mA，$U_{BC} = \dfrac{15 \times 300}{300+300.6}$V，$B$ 点的电

位也变成 $\dfrac{15 \times 300}{300+300.6}$V，$D$ 点的电位不变，此时 $e =$

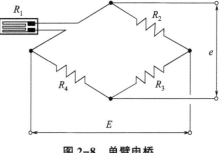

图 2-8　单臂电桥

$$U_{BD} = V_B - V_D = \frac{15 \times 300}{300+300.6} \text{V} - 7.5\text{V} = -0.0075\text{V} =$$

-7.5mV。负号说明 B 点的电位低于 D 点的电位，故当 B、D 间接入一个电阻，电流从 D 流向 B。

2. 双臂电桥

如图 2-9 所示，在电桥中连接了两个应变片，就构成了双臂电桥。若应变片 1 和应变片 2 按图 2-10 中方式装于悬臂梁上，在悬臂梁受力时，应变片 1 将被拉长，应变片 2 将被压缩，拉长、压缩的量相等，引起的阻值变化也相等。仍采用上述例子中数据，应变片 1 阻值由于被拉长变大，变为 300.6Ω；应变片 2 阻值由于被压缩变小，变为 299.4Ω。仍按上述方法求解，将得到 $e = U_{BD} = V_B - V_D = -15$mV，为使用单臂电桥时的 2 倍。

3. 四臂全桥

如图 2-11 所示，在电桥中连接了四个应变片，就构成了全桥。全桥中四个应变片的安装如图 2-4（b）所示，与下图对应关系是 $R1$、$R3$ 在上，$R2$、$R4$ 在下。实际使用中，使得不加外力时各应变片的初始阻值均相等，如 300Ω。这样，上述使得应变片发生阻值变化的力将使得四个应变片均发生变化，结果是 $R1 = R3 = 300.6$Ω，$R2 = R4 = 299.4$Ω。继续按上面的计算

方法，将得到 $e = U_{BD} = V_B - V_D = -30\text{mV}$，为使用单臂电桥时的 4 倍。

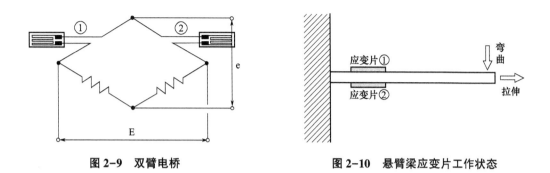

图 2-9　双臂电桥　　　　　　　　图 2-10　悬臂梁应变片工作状态

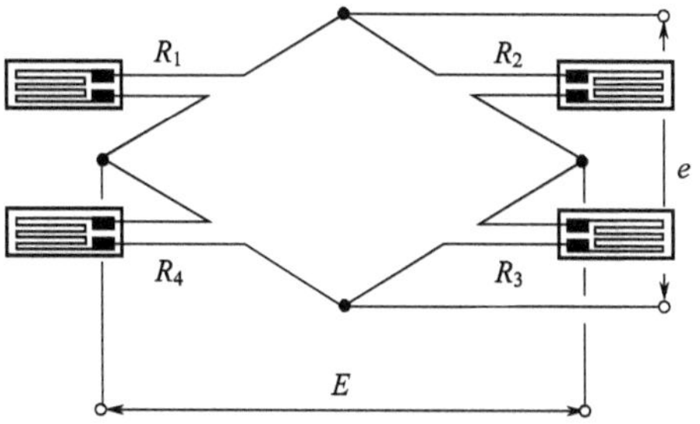

图 2-11　四臂全桥

上述分析说明，对同样大小应变，使用全桥将获得最大的输出电压。实际上，通过数学计算，当应变片电阻变化量远小于应变片初始阻值时，输出电压可认为是：

$$e = U_{BD} = \frac{E}{4}\left(\frac{\Delta R_1}{R_1} - \frac{\Delta R_2}{R_2} + \frac{\Delta R_3}{R_3} - \frac{\Delta R_4}{R_4}\right)$$

将上述单臂电桥、双臂电桥和四臂全桥的数据分别代入，看是否正确。进一步结合式 $\frac{\Delta R}{R} = K \times \varepsilon$，可以得到：

$$e = U_{BD} = \frac{E}{4}K\ (\varepsilon_1 - \varepsilon_2 + \varepsilon_3 - \varepsilon_4)$$

通过上式，可以看出，经过电桥电路，应变被转换为对应的电压值，并且采用双臂电桥、四臂全桥可以在同样的力作用下获得更高的输出电压，大家可以自行分析（注意：拉伸时 ε 为正，压缩时 ε 为负）。对应于四臂全桥，悬臂梁式应变传感器的四片应变片安装方式如图 2-12（a）所示，柱式力传感器安装方式如图 2-12（b）所示，S 形力传感器与它们类似。

注意，电桥电路应该被牢记，因为它将电阻的变化值（电阻变大或变小的部分）转换为对应的电压。

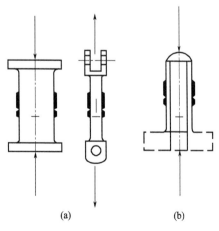

图 2-12　传感器安装方式

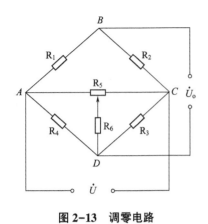

图 2-13 调零电路

也就是说，对于所有将被测量转换为电阻变化的传感器，测量电路都可以使用电桥电路。

（二）调零电路

实际使用中，使得 R_1、R_2、R_3、R_4 均严格相等是不容易的，而任一电阻微小的误差会使得电路不平衡，应变片即使不受外力作用，输出电压也不为零，这为使用带来了极大不便。为了解决这个问题，常使用如图 2-13 所示的调零电路。使用时在不给应变式传感器施加力的情况下，调节可调电阻 R_5 至输出电压为零，这样输出电压的零点与应变传感器受力的零点就一致了。当采用力传感器的仪表一段时间后，可能会出现没有施加力时仪表显示值不为零的情况，这就需要进行所谓的"调零"，这也是大多数仪器仪表调零的原理。

五、传感器的参数及其说明书识读

应变式传感器使用非常广泛，几乎占测力传感器的 70%，并且由于科技的进步，其性能达到了很高的水平，制造使用也越来越规范化、标准化。不但如此，目前所有种类的传感器，不管是测力的还是测温度、湿度、位移等，都在逐渐规范化、标准化，这就造成其在特性参数上有许多共性，下面首先介绍一些传感器的共性参数，然后以一款具体悬臂梁式传感器为例，对其说明书进行解读。

（一）传感器的特性参数

1. 灵敏度（二维码 2-4）

灵敏度是传感器输出量增量与被测输入量增量之比，即：

$$K = \frac{\Delta y}{\Delta x}$$

2-4 应变式力传感器的灵敏度

表示灵敏度的输入量和输出量必须用实际物理量单位。例如，某位移传感器位移 1mm 时输出变化 1mV，则其灵敏度为 $K = 1mV/mm$。由于外源传感器的输出量与供给传感器的电源电压有关，其灵敏度的表达往往需要包含电源电压的因素。例如，某位移传感器，当电源电压为 1V 时，每 1mm 位移变化引起输出电压变化 100mV，其灵敏度可表示为 100 ［mV/（mm·V）］。一般情况下，灵敏度大便于测量。但实际使用中还要注意，一般灵敏度越高，测量范围往往越窄，稳定性往往越差，抗干扰能力往往越弱，所以灵敏度的选择要由实际需要决定，不能一味盲目求大。

2. 线性度（二维码 2-5）

实际使用中，人们总是希望传感器的输入输出的关系成正比，即线性关系。但大多数传感器的输入输出为非线性的，线性度就是反映测量系统实际输出、输入关系曲线与据此拟合的理想直线的偏离程度。即：

2-5 应变式力传感器的线性度

$$\delta_{\mathrm{L}} = \frac{|\Delta L_{\max}|}{y_{\mathrm{F.S}}} \times 100\%$$

式中：$\Delta L_{\max}$——输出量和输入量实际曲线与理想直线的最大偏差；

$\qquad$ $y_{\mathrm{F.S}}$——输出满量程值。

图 2-14 中实线代表实际输出、输入关系曲线，虚线表示据此并按照某种方法拟合的理想直线，$\Delta L_{\max}$ 则表示此二者的最大偏差。实际使用中，总是希望传感器的线性度值越小越好，但考虑成本，一般选择适当的线性度。

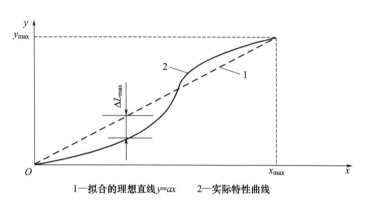

1—拟合的理想直线 $y=ax$　　2—实际特性曲线

图 2-14　传感器线性度

3. 分辨力与分辨率（二维码 2-6）

分辨力是传感器在规定测量范围内所能检测出的被测输入量的最小变化量，是有量纲的值。例如，对于人眼，如果 $10\mu m$ 级的位移人眼无法识别，将人眼当作位移传感器，它的分辨力就是 $10\mu m$，但其他视觉敏锐动物的眼睛可以超过人眼。

2-6　应变式力传感器的分辨力与分辨率

传感器或仪表中，还经常用到分辨率的概念。分辨率等于分辨力除以传感器或仪表的满量程，用百分数表示。

4. 滞后

迟滞表明传感器在正（输出量增大）、反（输出量减小）行程期间输出—输入曲线不重合的程度。即对应于同一大小的输入信号，传感器正、反行程的输出信号大小不相等。如图 2-15 所示，迟滞 r_{H} 的值通常由实验来决定，可用下式表示：

$$r_{\mathrm{H}} = \pm\frac{\Delta H_{\max}}{2y_{\max}} \times 100\%$$

式中：$\Delta H_{\max}$——正向输出与反向输出的最大偏差；

$\qquad$ $y_{\max}$——输出满量程。

5. 重复性

重复性表示传感器在输入量按同一方向作全量程连续多次变动时所得到的特性曲线的不一致程度，如图 2-16 所示，用公式表示为：

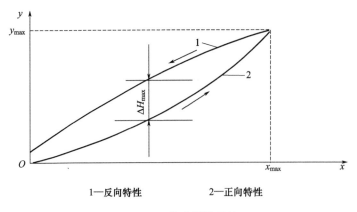

1—反向特性　　　　2—正向特性

图 2-15　传感器滞后性

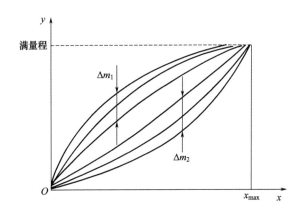

图 2-16　传感器重复性

$$r_x = \pm \frac{\Delta m_{max}}{y_{max}} \times 100\%$$

其中，Δm_{max} 取 Δm_1、Δm_2、Δm_3……中最大的来计算。传感器重复性越好，使用时误差越小。

6. 漂移

漂移指在一定时间间隔内，传感器输出量存在着与被测输入量无关的、不需要的变化。漂移包括零点漂移与灵敏度漂移。

零点漂移或灵敏度漂移又可分为时间漂移（时漂）和温度漂移（温漂）。时漂是指在规定条件下，零点或灵敏度随时间的缓慢变化；温漂为周围温度变化引起的零点或灵敏度漂移。

7. 静态误差（精度）

这是评价传感器静态性能的综合性指标，指传感器在满量程内任一点输出值相对其理论值的可能偏离（逼近）程度。它表示采用该传感器进行静态测量时所得数值的不确定度。

上述参数一般均会在传感器说明书中给出，但要注意，具体到某一传感器，首先，并不是所有上述参数都逐一列出；其次，具体的某一传感器还会列出多于上述项目的其他参数。

（二）应变式传感器说明书解读

下面以 BK-5 悬臂梁式测力/称重传感器为对象，对其说明书（图 2-17）进行解读。

主要技术指标		
测量范围	10	kg
输出灵敏度	1.5～2.0	mV/V
直线度	±0.05;	%F.S
滞后	±0.05;	%F.S
重复性	±0.05;	%F.S
工作温度	-10～+60	℃
温度补偿范围	室温～+60	℃
零点温度影响	±0.05	%F.S/10 ℃
输出温度影响	±0.05	%F.S/10 ℃
激励电压	12	VDC
绝缘电阻	2000	MΩ/100VDC
输入电阻：钢质	380±5	Ω
铝质	400±5	Ω
输出电阻	350±2/350±5	Ω
零点输出	0～±1	%F.S
安全过负荷率	120	%F.S

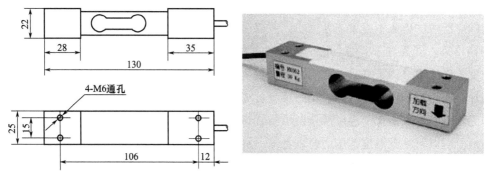

电气连接方式		
连接方式	插头座号	导线颜色
输入（电源）正端	1	红
输出信号正端	2	黄（绿）
输出信号负端	3	白
输入（电源）负端	4	蓝
屏蔽	/	黑

图 2-17　BK-5 悬臂梁式测力/称重传感器说明书

1. 测量范围

指本型号传感器最大可以用于测量多大的力,这里的测力是 10kg 力,也就是 100N 左右。

2. 输出灵敏度

本型号传感器输出灵敏度为 1.5~2.0mV/V,具体到每一产品,会有一精确数字。如该型号某一产品输出灵敏度为 1.8mV/V,意义是:达到测力范围上限(也就是 100N)时,输入电压如是 1V,传感器输出电压就是 1.8mV;如输入电源是 10V 时,传感器输出电压就是 18mV。显然,为了获得较大的输出电压,输入电源取 10V 是有利的。

3. 直线度

亦即上述线性度,这里线性度值为 ±0.05%F.S。注意,"F.S"为测量范围的意思。

滞后 H、重复性 R 都如上所述,不作介绍。

4. 工作温度

亦即传感器正常工作的温度范围(二维码 2-7)。

5. 温度补偿范围

2-7 应变式力传感器的工作温度

如上所述,应变式传感器是首先将力转换为弹性元件的应变,再由敏感元件应变片将应变转换为对应的电阻变化,最后由测量电路将电阻变化转换为电压变化,实现力与电压的对应转换。在这过程中,起关键作用的是应变片,正是应变片的电阻变化才使得测力变得可行,但是引起电阻变化的还有一些其他因素,其中最重要、最常见的就是温度。对于金属电阻而言,温度越高,电阻越大;温度越小,电阻越小(事实上,传感器中就有利用电阻这种随温度变化的特性制成的传感器,它们主要用于测量温度变化,导入项目中的铂热电阻就是其中最常用的一种)。如果应变片在调零后所处环境的温度发生了变化,会使得应变片电阻发生基于温度的变化,由于应变效应产生的电阻本身就非常微小,所以基于温度而产生的电阻变化就会影响甚至"覆盖"测量结果:因为对于电路,它只认电阻的变化,而不区别变化是否由环境温度所致还是发生应变效应所致。为了准确地测力,就需要针对传感器所处环境温度的变化进行补偿,即为电路加上纠正功能:识别并纠正出电阻变化中是应变效应产生的有用变化,以及温度变化产生的无用甚至有害变化。温度补偿范围指在该传感器生产时已经做过 20℃~60℃ 范围内的温度补偿,所以可在此温度范围内自动补偿,超过此范围可能会有因温度造成的误差。最后需要重点指出,温度是各种仪表电路、测量电路甚至所有电子电路最主要的影响因素,所以使用中一定要注意温度的影响。

6. 零点温度影响和输出温度影响

这两个参数较专业,不深究具体意义。

激励电压即提供给传感器工作的电压。注意,实际应用中激励电压不可超出说明书给出值,超过则可能引起传感器损坏。原因是:过大的电压导致过大的电流,而传感器中的应变片非常微小脆弱,过大电流一则会损坏应变片,二则会造成其发热影响测量精度。当然,实用中也避免该值过小,因为同样大小的力的输入情况下,激励电压越小,输出越小,不便于测量。

7. 绝缘电阻

绝缘物在规定条件下的直流电阻。这里是在 100V 直流电情况下，电阻值为 2000MΩ。

8. 输入电阻

对于输入的电源，应变传感器呈现出的电阻值，钢质应变传感器为 $(380\pm5)\Omega$，铝质应变传感器为 $(400\pm5)\Omega$ 输出电阻。输入电阻越小，流经传感器的电流越大，反之亦然。这一参数的意义在于，为了保护传感器，要针对输入电阻选取合适大小的输入电源电压，否则通过传感器的电流太大将引起传感器损坏。

9. 输出电阻

如将传感器的输出信号看成是对外提供电流，即将传感器看成电源，输出电阻即该电源的内阻值，这里内阻的大小为钢质 $(350\pm2)\Omega$、铝质 $(350\pm5)\Omega$。关于电源内阻对电路的影响，这里进一步分析。现有某电源，电压（U）大小为 15V，内阻 R_0 为 100Ω，当该电路中接入一只电阻（R_L）为 150Ω 的灯泡时，流过灯泡的电流大小为：

$$I=\frac{U}{R_0+R_L}=\frac{15}{100+150}=0.06 （A）$$

灯泡两端（也即电源对外两端）的电压为：

$$U_L=I\times R_L=0.06\times150=9 （V）$$

同样的灯泡，接上一个内阻为 50Ω 的 15V 电源，流过灯泡的电流大小将变成 0.075A，灯泡两端的电压也变成 11.25V。也就是说，该电路中灯泡将变得更亮。这样，就可以看出内阻（或说输出电阻）的意义：内阻越小，对外提供电的能力越强，电源对外两端的端电压越大；内阻越大，对外提供电的能力越弱，电源对外两端的端电压越小。很明显，接入仪表后，为了获得更高的端电压，都希望传感器的输出电阻越小越好。

10. 零点输出

传感器在被测量为零时的输出，这里达到量程的 1%。

11. 安全过负载率

传感器能承受的最大过负载，这里是量程的 1.2 倍，即 12kg。

12. 电气连接方式

电气连接方式非常重要，使用中按此接线。如本项目中，若选用上述传感器，按上述说明书：15V 直流稳压电源正极接传感器的红线，负极接蓝线；输出部分，黄（或者绿）线是正极，白线是负极；黑线是屏蔽线，需要时接入电路中的地线。

任务实施

一、项目任务

对照应变式力传感器说明书，利用万用表，结合砝码对其参数进行测试。

二、用具器材

万用表、1~5kg 砝码、5kg 量程应变式力传感器、15V 直流稳压电源（输出电流 1.5A

以上）。

三、实施步骤

（1）利用网络、图书进一步学习应变式力传感器的原理，熟悉其说明书及参数。

（2）组间采用角色扮演的方法模拟采购应变式力传感器，进一步掌握其特性参数。具体做法是：一名同学扮演不了解传感器的用户，一名同学扮演供货商，供货商提供两种价格相差巨大的传感器，并向用户解释各项参数的不同。

（3）利用万用表不通电情况下进行相关参数测试，将结果填入下表：

项目 ＼ 砝码	1kg	2kg	3kg	4kg	5kg
输入电阻					
输出电阻					

根据上述结果，思考总结出现这样结果的原因是：_____

_____

（4）为传感器接上 15V 直流电，测量灵敏度、线性度和滞后性（如已制作了可调直流电源，可用其代替 15V 直流电）。

灵敏度测试：加最大量程砝码，万用表量传感器输入电压为_____ V、输出电压为_____ mV，根据公式计算得灵敏度为_____ mV/V，最后可将测得的灵敏度与说明书给出的进行比较。注意：虽然使用的是 15V 直流稳压电源，但传感器两输入线间电压不一定就是 15V，应以万用表测得的为准，具体原因参见下文"注意事项"。

线性度测试表格：

砝码（kg）	0	1	2	3	4	5
输出电压（mV）						

滞后性测试表格：

砝码（kg）	5	4	3	2	1	0
输出电压（mV）						

测试时要注意顺序，完成后将数据绘入下面的坐标系中，并用曲线将其连接起来。

四、注意事项

1. 输入电阻、输出电阻测量时应注意，如测输入电阻，则应对照说明书，将万用表两表笔分别置于传感器两输入线上；测输出电阻，则置于传感器两输出线上。一般而言，输入输出电阻由于应变产生的阻值变化本身较小和采用电桥电路的原因，其总阻值是恒定的，不会因为传感器是否受力而改变。

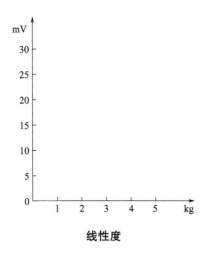

线性度

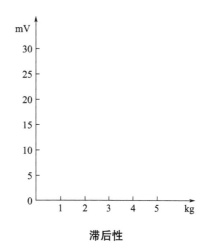

滞后性

2. 测算灵敏度时，应以万用表量得的传感器两端电压为准。因为有时会出现直流稳压电源空载时电压正常，负载时电压下降的情况。产生这种现象的原因之一是，由于直流稳压电源采用的三端稳压芯片为 78L15，最大输出电流有限（为 0.1A，详见项目一），接上阻值较小用电器后会导致电流超限，因而输出电压被拉低。要解决本问题也很简单，制作直流稳压电源时，选用 78M15 或 7815 芯片即可。另一种可能原因是，当接入直流稳压电源的交流电压与需要的直流电压 15V 太过接近或小于 15V 时，也会发生这种现象，如很多变压器只有 12V、24V 交流输出，如选择前者就会出现这样的问题（详见项目一），使用时应当加以注意。

课后练习

书面作业

1. 利用课余时间查找图书、文献，列出传感器的分类，并调查有哪些传感器应用于日常生活中，形成调研报告。

2. 利用课余时间查找图书、文献，并调查有哪些传感器应用于纺织生产中，形成调研报告。

3. 完成书面作业如下。

（1）什么是传感器？它的主要特性参数有哪些？分别有什么意义？

（2）应变式力传感的结构如何？应变片的结构又如何？它用来测力的原理是什么？

（3）应变式测力传感器外形上有哪几种？它们的量程范围如何排序？

（4）画出单臂、双臂和四臂电桥电路，并说明它们各自特点。

实践作业

利用万用表测量温度传感器铂热电阻的灵敏度与线性度，并将其与应变式力传感器进行比较。

任务二　制作简易强力仪

任务背景

纺织行业里，对张力的测试与控制是非常重要的，举个简单的例子：生产过程中，纱线的张力太小，纱线就会互相缠绕；张力太大，虽然纱线不再互相缠绕，但却有可能发生断裂，所以施加在纱线上的力一定要取得合适。这时就需要知道纱线能承受的最大张力，强力仪就是测量纱线能承受最大张力的仪器。

应变式力传感器通电后虽然能将力转换为电压，但这电压是非常微小的，极易受到干扰，于是就必须使用一定的电路对之进行放大，这样才能进一步制作出实用的强力仪。

理论内容与要求

1. 了解放大电路的作用及原理。
2. 认识三极管，了解其相关参数。
3. 认识运算放大器，了解其使用。
4. 掌握标定的概念。
5. 了解测力放大器的使用。

实践内容与要求

1. 能搭建简易强力仪模型。
2. 能对搭建的模型进行调零与标定。
3. 能对测试结果进行换算得出测量重量。

用具器材

悬臂梁式应变传感器、测力放大器、万用表、砝码。

知识准备

应变传感器接入直流稳压电源后，传感器就开始工作了，但此时传感器输出的电压是非常小的，在毫伏甚至微伏级别，这样的信号难于识别、传输且易受干扰，所以需要进行放大，本项目中的专用测力放大器就是起到放大的作用。在讲解专用测力放大器的使用前，有必要先介绍放大电路的相关知识与常用元器件。

一、放大电路

（一）三极管与放大电路

前面已经接触过了二极管，现在学习一种新的电子元件——三极管。三极管又称晶体管，是一种具有电流放大功能的半导体元器件。它的放大作用和开关作用促使了电子技术的飞速发展。

1. 认识三极管

三极管的外形与电气符号如图 2-18 所示，其三个引脚 b、c、e 分别称为基极（base）、集电极（collector）和发射极（emitter）。三极管分为 NPN 型和 PNP 型两种，这两种三极管的工作原理相同，不同的只是连接电源的极性和管内电流方向不同，接法如图 2-19 所示，按照功率大小分，三极管还可以分成小功率管、中功率管和大功率管，大功率管的外形一般较大。

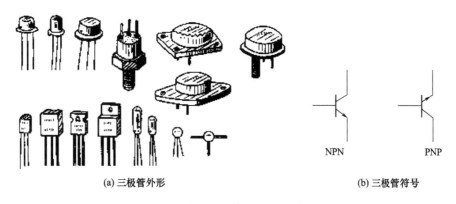

(a) 三极管外形　　　　　　　　　　　　　　　(b) 三极管符号

图 2-18　三极管外形和符号

2. 三极管的电流放大作用

三极管的电流放大作用原理较复杂，下面引入一个例子对其加以解释，具体原理不讲。如图 2-20 所示，水管阀门是由手柄控制的，而手柄只要微微地扭动就能控制水管中水流的变化。三极管接在电路中，集电极"流向"发射极的电流受到基极这个"手柄"的控制，基极很小的电流变化会引起集电极到发射极之间的很大电流变化。基极的电流一旦切断，集电极到发射极也就没有电流了。

三极管电流放大电源接法如图 2-21 所示的描述，一定范围内 $I_{ce}=h_{FE}I_{be}$，h_{FE} 称为三极管的放大系数，常用三极管的值一般为 20~200。

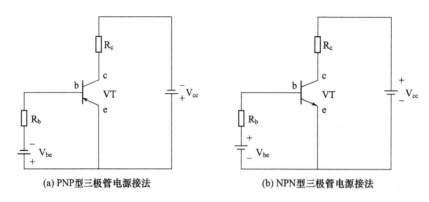

(a) PNP型三极管电源接法   (b) NPN型三极管电源接法

图 2-19　两种三极管电源接法

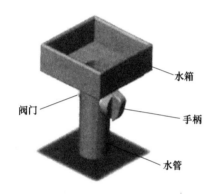

图 2-20　三极管电流放大原理图解

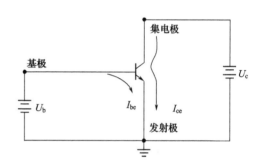

图 2-21　三极管电流放大电源接法

3. 三极管的截止、放大和饱和

三极管并不是在任何情况下都起放大作用，三极管有三种工作状态，分别是截止、放大和饱和。只在放大状态，三极管进行放大作用。下面逐一介绍这三种状态。

（1）截止。如图 2-20 所示，把水箱当作三极管的集电极，而手柄当作基极，水管下端的出水口当作发射极，水管里的水流就相当于三极管的 c 和 e 间的电流。即三极管的截止相当于阀门的关闭。

由于 b 和 e 间没有处于正向偏置，使得三极管没有工作，即 c 和 e 间不导通，这种状态就是截止态，此时 I_c 接近 0。

三极管的截止状态也非常有用，三极管的开关作用就是利用这一特性，在以后的接近开关项目学习中会有涉及。

（2）放大。"放大"是三极管在电路中理想的角色。在这种工作状态下，b 和 e 间处于正向偏置，b 和 c 间处于反向偏置。

放大状态下有个有益的特点，即 $I_{ce} = h_{FE} I_{be}$。

（3）饱和。当 $U_{ce} = U_{be}$ 时，即 $U_{cb} = 0$，I_b 对 I_c 的控制作用不复存在，三极管的放大作用消失，这种工作状态称为临界饱和。当 $U_{ce} < U_{be}$，三极管为过饱和状态。

三极管进入截止或饱和状态后，线性关系 $I_{ce}=h_{FE}I_{be}$ 不复存在，三极管不在正常工作状态上。此时，电路处于非线性工作状态。

4. 放大电路及其应用

上面阐述了三极管的电流放大作用与三种工作状态，可以看出要使三极管正常工作，放大电路接法必须是：如图 2-21 所示，三极管 b、e 间加正向电压，b、c 间加反向电压，且反向电压要高于正向电压两倍以上。根据这个原则，NPN 型和 PNP 型三极管构成放大电路接法如图 2-19 所示。

图 2-21 的电路图其实不具备实际作用，只是展示了放大电路的接法与放大作用的原理。现实中的放大电路如图 2-22 所示，这是一款扩音机的电路图，话筒（图中符号 MIC）是信号源，也是一种传感器，它将语音转换为电信号，但这电信号非常微弱，不可能带动喇叭，或说带动后声音也非常微弱。放大电路将语音电信号放大后，推动负载喇叭工作，从而实现语音的放大。

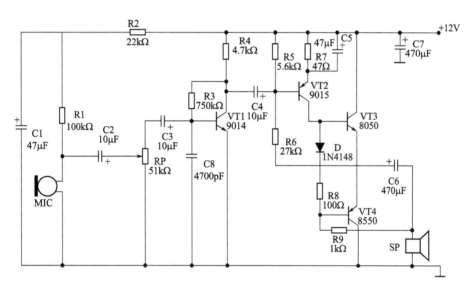

图 2-22 扩音机电路图

图 2-22 的电路非常复杂，并且一共用了四个三极管，其中两个 NPN 型（VT1 9014 和 VT3 8050），两个 PNP 型（VT2 9015 和 VT4 8550），它们构成了两级放大，即放大一次后再放大一次，这样就可以获得很高的放大倍数（可达千倍）。当然，对于这样的电路，只有非常专业的人员才能迅速看懂，对非专业人员则不需要熟练掌握，只需认识其中元器件符号即可。对于其工作原理，仍采用黑箱理论理解，可以将上述电路简化图 2-23 所示。

图 2-23 三极管工作黑箱理论

要注意的是：信号源输入的电流很小，但经过放大电路后，电流输出很大，可以推动喇叭工作。从能量的角度看，输入能量很小，但输出能量很大，不能说放大电路把能量放大了，因为能量是守恒的。输出的较大能量其实是来自图 2-22 中的 12V 直流电源，也就是能量较小的话筒信号通过三极管的放大作用，控制了 12V 直流电源所供给的能量，以在输出端获得一个能量较大的信号。这就是放大作用的实质，而三极管也如水管阀门一样是一个控制元件。

5. 三极管参数及其检测

三极管参数较多，这里介绍简单常用的几项。

（1）放大倍数 h_{FE}。放大倍数也称电流放大系数，$h_{FE} = \dfrac{I_c}{I_b}$。由于制作工艺的差异，不同的三极管 h_{FE} 值有很大差别，常用的三极管 h_{FE} 值为 20~200。

（2）额定电流 I_{cm}。三极管的额定电流指集电极最大允许电流。集电极电流 I_c 超过一定数值时，三极管的 h_{FE} 值要下降，h_{FE} 值下降到正常 h_{FE} 值的 2/3 时的集电极电流，称为集电极最大允许电流 I_{cm}。当 I_c 超过 I_{cm} 不多时，虽然不致损坏管子，但 h_{FE} 值显著下降，影响电路的性能。如果三极管工作时 I_c 超过 I_{cm} 过多，这将导致三极管过流损坏。

（3）反向击穿电压 $U_{(BR)CEO}$。基极开路时，加在集电极和发射极之间的最大允许电压，称为集—射极反向击穿电压 $U_{(BR)CEO}$。当集电极和发射极之间的实际电压 U_{CE} 大于 $U_{(BR)CEO}$ 时，有可能造成三极管击穿。

（4）集电极最大允许功耗 P_{cm}。当三极管工作时，管子两端的压降为 U_{ce}，流过集电极的电流为 I_c，损耗的功率为 $P_c = I_c U_{ce}$，集电极消耗的电能将转化为热能使管子的温度升高。当 P_c 的数值超过某个数值时，三极管将因 PN 结升温过高而热击穿损坏，这个数值即称最大允许功耗 P_{cm}。

使用三极管时，实际功耗不允许超过 P_{cm}，通常还应留有较大余量，因为功耗过大往往是三极管烧坏的主要原因。

由于 P_{cm} 与三极管散热条件极相关，如果三极管加散热片，三极管散热快，允许最大功耗 P_{cm} 可大大提高。因此，在家用电器中有些三极管装有散热片，其道理就在这里。

（二）集成运算放大器

集成运算放大器是一种集成电路。对于集成电路的概念，在项目一中介绍 7815 芯片时已经做过介绍，这里继续补充一部分知识。

1. 集成电路的封装与管脚判别

（1）集成电路的封装。根据在电路板上是否穿过电路板孔进行焊接，集成电路的封装可分为直插式封装和贴片式封装两种，如图 2-24 所示。

图 2-25 所示为常见的集成电路的外形示意图。其中图 2-25（a）是单列直插集成电路，所谓单列直插是指集成电路的引脚只有一列，比如常用的三端稳压器 78×× 就是这种形式的；图 2-25（b）是双列直插型的，这是比较常见的集成电路，常用的有运算放大器 LM324、时基电路 NE555、数字电路 74×× 和 4××× 系列等；图 2-25（c）是双列和四列扁平封装的集成电路（LCC），高集成度的、贴片式集成电路常用这种方式；图 2-25（d）是金属外壳的集成

(a) 直插式　　　　　　　　　　　　(b) 贴片式

图 2-24　两种封装形式

(a) 单列直插型　　　　　　　　　　(b) 双列直插型

(c) 双列、四列扁平型　　　　　　　(d) 金属外壳型

图 2-25　集成电路的外形示意图

电路，它的引脚分布呈圆形，这种集成电路已经比较少见。

（2）集成电路的管脚判别。集成电路上的"D"型凹槽或圆形小坑是集成电路管脚判别的依据。一般来说，针对 IC 的型号，圆形小坑对应着 IC 的 l 管脚，其他管脚依逆时针方向为 2，3……，如图 2-26 所示。另外，单列直插型 IC 的左侧第一个管脚为 1 管脚，向右递增。集成电路上的每个管脚就是一个输入输出口，结合说明书，可以迅速找出其输入输出特性。

2. 集成运算放大器

集成运算放大器是一种高增益的直接耦台放大器，其内部包含几十至数百个晶体管、电阻和电容，但体积只有一个小功率晶体管那么大，功耗也仅有几毫瓦至几百毫瓦，但功能很多。有的运算放大器除具有正负输入、输出电源供电端外，还有外接补偿电路端、调零端、相位补偿端、公共接地端及其他附加端等。它的放大倍数取决于外接反馈电阻，这给使用带

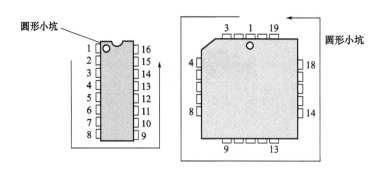

图 2-26　管脚判别

来很大方便。从本质来说，它的作用与使用三极管及一些外围元件构成的放大器功能并没有任何区别，但方便性、可靠性大大提高。集成运算放大器作为一种通用电子元件，在放大、振荡、电压比较、模拟运算及有源滤波等各种电子电路中得到了广泛的应用。

　　由运算放大器构成的放大电路如图 2-27 所示。图 2-28 中展示了一种常用集成运算放大器 LM324 的外形及其电路符号，如图 2-29 所示它内部包含 4 个独立的运放单元，这四个运放独立工作，互不影响。管脚 4 接电源正极，管脚 11 接负极。同时，图中还展示了每个运放单元内部集成三极管、电容和电阻的情况。

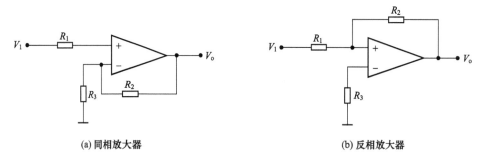

(a) 同相放大器　　　　　　　　　　　(b) 反相放大器

图 2-27　正反相运算放大器的使用电路

(a) 直插式　　　　(b) 贴片式　　　　(c) 运放的电路标识

图 2-28　集成运算放大器 LM324 及运放标识

　　此时，输出电压分别是：

$$V_{o同相}=V_1\left(1+\frac{R_2}{R_3}\right)\qquad V_{o反相}=V_1\left(1-\frac{R_2}{R_1}\right)$$

　　可见，调整放大倍数可以通过选择 R_1、R_2 和 R_3 的阻值大小实现（在实际使用中，R_2 常采用可调电阻，这样调整非常方便）。

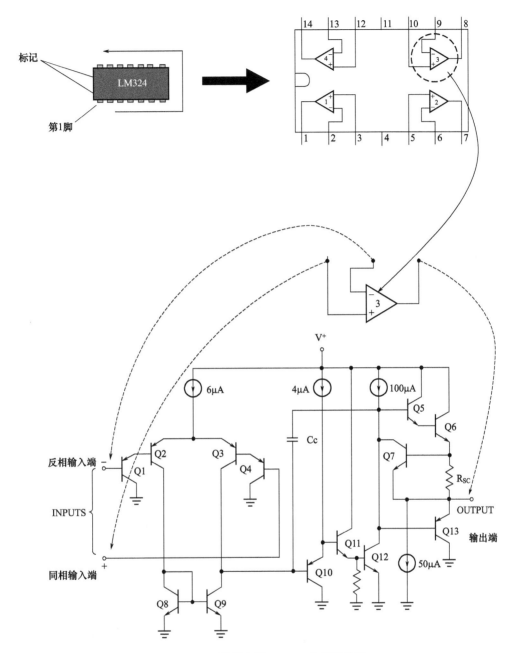

图 2-29 运算放大器 LM324 内部结构图

　　利用运算放大器，还可以构成一种称为仪表放大器的集成电路，典型的有图 2-30 所示的
INA128 和 INA129。对于这两款集成电路，调节引脚 1 和引脚 8 之间的电阻，可以实现对放大
倍数的调整。仪表放大器常常用于传感器信号的放大。

（三）电阻器与电位器

　　电阻器简称电阻，在项目一中已有所应用。在放大电路中，经常也需要通过改变电阻阻
值来调整放大倍数。电位器也是一种电阻，一种阻值可调的电阻器。

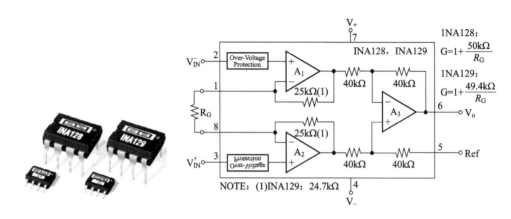

图 2-30　INA128/129 运算放大器内部结构图

1. 电阻器

各种材料的物体对通过它的电流都会出现一定的阻力，这种阻碍电流的作用叫电阻，电阻器就是利用这一性质制作出来的。电阻器是电子电路中使用得最多的器件，其功能是通过分压为其他电子器件提供所需的电压和通过限流提供所需的电流。

欧姆是电阻的单位，通常有 3 种单位，它们之间的换算关系如下：

$$1M\Omega = 10^3 k\Omega = 10^6 \Omega$$

购买电阻器（简称电阻）时，除了需向商家提供阻值外，至少还有两项参数是需要提供的：一项是电阻的功率；另一项是电阻的种类。

（1）电阻的阻值。电阻的表面有五颜六色的色环，这不是出于美观而设计的，它标识着电阻的阻值。图 2-31 所示为常用的色环电阻标记示意图。

比如，一个电阻上的色环依次为橙、白、黑、红、棕。那么它的阻值应该如何计算呢？前 3 环橙、白、黑表明阻值的前 3 位有效数为 390，第四环为红，表明倍率为 10^2，得到阻值 $390 \times 10^2 = 39000$（Ω）= 39（$k\Omega$）。要得到电阻阻值更简单的方法就是用万用表直接测量。

在电路设计中应该注意，电阻的阻值不是任意选定的，原因是为了便于工业上大量生产和使用者在一定范围内选用，国家标准规定了 E24 系列电阻的标称值为 1.0、1.1、1.2、1.3、1.5、1.6、1.8、2.0、2.2、2.4、3.0、3.3、3.6、3.9、4.3、4.7、5.1、5.6、6.2、6.8、7.5、8.2、9.1 乘以 10、100、1000……所得到的数值；按 E12 系列规定，分别有标称值为 1.0、1.2、1.5、1.8、2.2、2.7、3.3、3.9、4.7、5.6、6.8、8.2 乘以 10、100、1000……所得到的数值。其中，E24 系列电阻阻值允许误差为 ±5%，E12 系列允许误差为 ±10%。除了上述的电阻值外，还有一些 "非标" 电阻，一般在电源电路、滤波器电路中会用到。

（2）电阻的功率。电阻的功率有 1/16W、1/8W、1/4W、1/2W、1W、2W、5W、10W 等几种，对应的电路标识如图 2-32 所示。一般来说，电阻的功率越大，价格越高。不同功率的电阻使用时又有不同，以常用 300Ω 1/4W 电阻为例，接入 5V 直流电源时，通过电阻的功率是 0.08W；但通过 10V 直流电时，功率是 0.33W，大于 1/4W，此时如要电路正常工作就

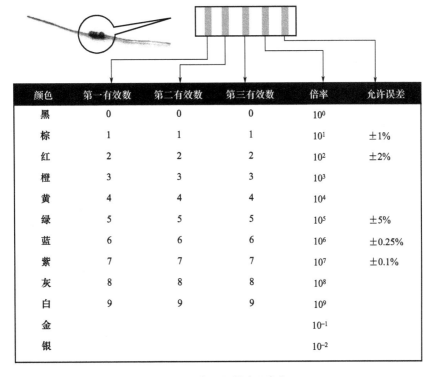

图 2-31 电阻阻值色环标记

颜色	第一有效数	第二有效数	第三有效数	倍率	允许误差
黑	0	0	0	10^0	
棕	1	1	1	10^1	±1%
红	2	2	2	10^2	±2%
橙	3	3	3	10^3	
黄	4	4	4	10^4	
绿	5	5	5	10^5	±5%
蓝	6	6	6	10^6	±0.25%
紫	7	7	7	10^7	±0.1%
灰	8	8	8	10^8	
白	9	9	9	10^9	
金				10^{-1}	
银				10^{-2}	

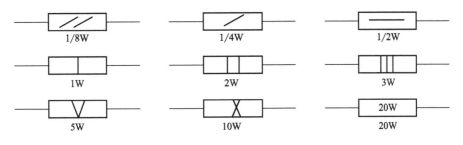

图 2-32 电阻功率

不能选择这种功率的电阻，应选择 1/2W 以上的电阻。

（3）电阻的种类。随着材料科学的发展和工艺的进步，电阻的品种不断增多。按电阻体的材料和结构特征分成绕线、非绕线和敏感电阻等几种。

绕线电阻是用电阻丝在绝缘的骨架上绕制而成的。这种电阻丝一般采用具有一定电阻率的镍铬、锰铜等合金制成。绝缘骨架则是由陶瓷、塑料等材料制成，有管形、扁形等各种形状。

非绕线电阻包括常用的碳膜电阻和金属膜电阻。此外，还有金属玻璃釉电阻、金属氧化膜电阻及实心电阻等。

实际应用中，金属膜电阻的精度高、成本低，使得它在现代电子电路中应用极为广泛。

　　另外，在小型化电子设备如手机、计算机的电路板上，通常使用贴片电阻，它只是在封装方式上与一般直插式的电阻不同，使用方法都是一样的。

2. 电位器

　　在电子设备中，某些电阻的阻值需要用户经常调整，这些电阻用电位器代之。电位器实际上是一个可变电阻器。在调光灯、收音机、功放机等电器上常能看到电位器的身影，电位器应用在放大电路中时，就可以改变放大倍数。

　　从图 2-33 所示的电位器电路标识和外观图中，可以看出电位器有 3 个引出端 A、B 和 P，其中 A、B 两端为阻值固定的引脚，其间的阻值最大，这两个端口没有什么区别。中间的引脚 P 与两端引脚之间的电阻值则随着调节电位器的旋钮而改变。电位器外壳标注的阻值是该电位器所能达到的最大阻值，亦即 A、B 端点间的电阻值。

　　电位器和普通电阻一样，除了有阻值的区别外，还有种类和功率之分。绕线电阻器一般在大功率的场合中使用。通常选用碳膜电位器，它结构简单、成本低，能满足绝大多数的电路场合。图 2-34 所示是一些常用电位器的外观图。

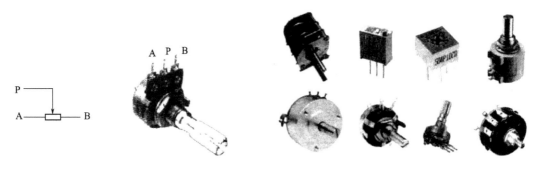

图 2-33　电位器的电路标识和外观　　　　　　图 2-34　常见电位器外观

二、测力（称重）放大器（变送器）（二维码 2-8）

（一）测力（称重）放大器（变送器）

　　利用上述放大电路，专业人员可以设计出复杂的电路，以对应变式力传感器的信号进行放大；但随着科技的进步与市场的细化，目前市场上出现一种专用测力（称重）放大器（又称变送器）。该放大器

2-8　力传感器的
接法与标定

的作用在于：将应变传感器传来的信号放大调整为标准的 0~5V 或 0~10V 电压信号或 4~20mA 电流信号。要注意，应用在工业现场、能输出标准信号的传感器称为变送器，这里的标准信号，就是指 0~10V 电压信号或 4~20mA 电流信号。这种测力变送器的外形如图 2-35 所示。

　　该类变送器内部结构与使用如图 2-36 所示，内部电路板上有四只电位器，两只用于调零，两只用于调满度，调满度实际上是调放大倍数。此外，还可以发现许多电阻、电容与集成电路。

图 2-35 测力放大器

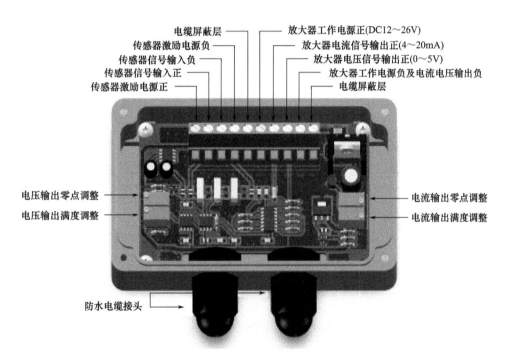

图 2-36 测力放大器内部结构

变送器接入直流稳压电源,再将传感器按正确方式接入,调零与标定后,变送器就可以送出与被测力成正比的电流或电压信号。具体使用见本项目任务实施部分。

(二) 电压输出与电流输出

需要指出的是,虽然变送器一般有多种输出,如0~5V或0~10V电压信号或4~20mA电流信号,但在可能情况下,一般优先选择电流输出。要注意,这时的变送器相当于一种理想电流源。所谓理想电流源指一种理想电源,它可以为电路提供大小、方向不变的电流,却不受负载的影响。比如说,给一个电流源接上 10Ω 的电阻,电路中的电流是 $10mA$;给它接上 $1k\Omega$ 的电阻,电路中的电流仍将是 $10mA$。有理想电流源的概念,自然也有理想电压源的概念，即电源两端电压由电源本身决定，与外电路电阻大小以及流经它的电流的大小无关，也就是说理想电压源内阻为 0，项目一中的直流稳压电源就是一种理想电压源。

明确理想电流源与理想电压源的概念后，就可以对为何优先选用变送器的电流输出进行分析。现代测试系统的电路中，传感器的电信号一般还要接入其他电子元器件（AD 转换器、单片机等），这些元器件的输入电阻非常高，输入电流很小（以 PIC 单片机为例，引脚上的输入电流不大于 500nA），如果是电压输出，则线路上的电流将是几毫安以下，非常容易受到干扰，如是远距离传输，效果更差。但如果采用电流输出，先将信号传至远处，再利用采样电阻转换为电压，再接入上述其他电子元器件，则可消除上述弊端。

（三）标定

本项目制作的简易强力仪结构如图 2-37 所示。

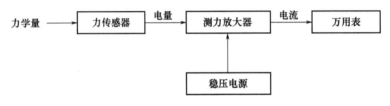

图 2-37　简易强力仪结构

按图 2-37 搭建好强力仪后，并不能马上进行使用，而是先要进行标定。所谓标定，可以用简单的例子说明：在制作一支 0~100℃ 温度计时，要确定 0℃ 位置，100℃ 位置，以及 1℃ 间隔。具体的做法是，在标准状况下，将温度计置于冰水混合物中，稳定后温度计液面对应的温度为 0℃；将温度计置于沸腾的水中，稳定后温度计液面对应的温度为 100℃，将 0~100 之间等距标 99 道刻线，每线对应 1℃。

从上例可以看出，所谓标定，就是先调零，再调满度，最后再验证刻度是否有误差。本项目强力仪的标定过程是：先不加任何砝码，调整电流输出零点调整电位器，使电流表输出为 4mA；然后加对应传感器满量程的砝码（仍用书本例子为 10kg），调整电流输出满度调整电位器，使电流表输出为 20mA。电流输出零点调整电位器接入的是调零电路（图 2-13），电流输出满度调整电位器接入的是仪表放大器构成放大电路（图 2-30 中的 R_0），本质上是通过电位器的电阻变化实现放大倍数变化。

任务实施

一、项目任务

按照图 2-37 的结构图，制作简易强力仪。

二、用具器材

5kg 悬臂梁力传感器 1 只，SMOWO 型测力放大器 1 只，万用表 1 只，直流稳压电源板 1

块（可以是之前制作的）或两节 9V 干电池，1~5kg 砝码。

三、实施步骤（二维码 2-9、2-10）

（1）拆开 SMOWO 称重放大器保护盒，按照图 2-38 完成接线，注意力传感器至测力放大器的接法。

（2）电路搭建完成后，连接完毕后检查电路。检查无误后，不放任何砝码完成调零。调零方法是调整图 2-35 中的电压输出零点调整电位器。

（3）调零完成后进行标定。具体方法是：将 5kg 砝码置于力传感器顶端承力处，观察万用表观察此时输出电压是否为 5V，如不是则通过图 2-36 中的电压输出满度调整电位器。

（4）进行测力实验，在悬臂梁力传感器上放置不同重量砝码，读取对应的电压值，完成下面的表格，并绘制成图。

2-9 力传感器的接法
与标定（实际操作部分）

2-10 单纱强力上
力传感器的标定

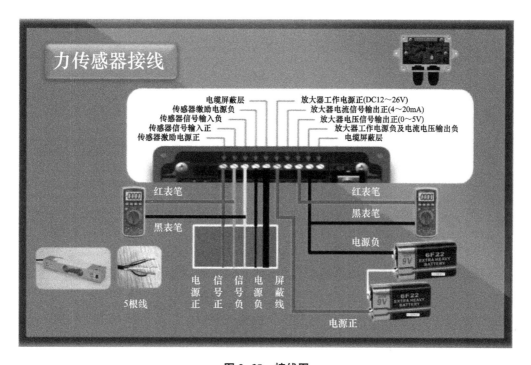

图 2-38 接线图

砝码（kg）					
力传感器输出电压（mV）					
测力放大器输出电压（V）					

课后练习

书面作业

1. 什么是三极管？它在电路中起什么作用？

2. 什么是集成电路？它有哪些封装形式？

3. 什么是运算放大器？如何调整运算放大器的放大倍数？什么是仪表运算放大器？如何调整仪表运算放大器的放大倍数？

4. 二极管的导电特性有哪些？

5. 画出单相桥式整流电路的电路图。

6. 在直流稳压电路中，电容的作用是什么？电容的主要特性是什么？

7. 电容的单位是什么？它主要有哪些种类？

实践作业

1. 上网查找并下载 INA128 的中英文说明书。

2. 上网查找其他仪表运算放大器，并模拟购买。

项目三 制作简易纱线计长仪

项目背景

在纺织生产中，经常需要知道已生产纱线或织物的长度；在纺织试验中，如测量纱线条干时，又需量取一定长度的纱线（通常是 100m，这样的长度用尺子量显然是不方便的），这些都涉及对纱线或织物的计长。那么纺织中是如何实现计长和定长的，这就是本项目要解决的问题。

理论内容与要求

1. 了解计长仪的用途、组成和原理。

2. 了解接近开关的原理、种类、特点。

3. 理解接近开关的参数及其意义、使用。

实践内容与要求

1. 能根据场合选择接近开关种类、参数。

2. 能正确安装、使用接近开关。

3. 能搭建基于接近开关与计数器的计长装置。

用具器材

24V 开关电源、电感式/霍尔式接近开关、计数器、导线若干、剥线钳等工具一套。

知识准备

一、认识纱线计长仪

(一)计长仪的应用及其原理

在纺织生产中，经常需要知道已生产纱线或织物的长度；而在纺织试验中，如测量纱线条干时，又需量取一定长度的纱线（通常是100m，这样的长度用尺子量显然是不方便的），这些都涉及对纱线或织物的计长。纱线计长仪如图3-1所示。

图3-1 一种计长仪

计长仪还应用在很多其他领域，如纸张、线材的生产。虽然计长仪的种类很多，但其本质是计数。一个计长仪某种程度上可以说是一个计数仪。现以纱线计长为例说明计长仪的原理：在机器上，机器传动轴每转一圈，将生产出对应长度为 h 的纱线。计长就是对传动轴转过的圈数进行计数，再经换算求得长度。若传动轴转过 n 圈，则总长度 L 为：$L=h \times n$。

(二)计长仪的结构组成（二维码3-1）

认识计长仪的原理后，进一步分析其结构组成。与其原理对应，计长仪一般由传感器和计数器组成。传感器负责感知上述传动轴的旋转圈数，如图3-2所示，传动轴每转过一圈，传感器输出8个脉冲信号。计数器接受传感器的脉冲信号，并对其进行整理和计数，换算后显示出长度（当然此时每个脉冲信号对应的纱线长度为 $h/8$，计长因而变得精度更高）。特别指出，图3-1所示的计长仪不是完整的计长仪，它本质上是一种通用计数仪，还需标配一只传感器才能实现计长。

3-1 位置传感器与计长仪

有些场合下，机器上不适合安装传感器，于是有形如图3-3所示的专用型计长装置，图

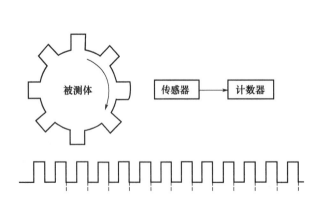

图3-2 计长仪的结构及产生的脉冲

图3-3 专用型计长装置

中的小轮紧贴被测的布匹、纸张放置，布匹、纸张输出时带动小轮转动，传感器对小轮的转数进行监测，并输出对应脉冲信号。计长装置内部的计数器再对脉冲信号计数，进而显示出长度。

总之，计长仪的外观形式不同，但结构都是一样的。

目前计长仪常用的传感器有接近开关和光电编码器，后者会另外专门介绍，下面着重介绍接近开关。

二、接近开关及其分类与工作原理（二维码3-2）

接近开关是一种无需与运动部件进行机械接触就可以进行检测的位置开关。当物体靠近接近开关的感应面并达到一定距离时，这种接近开关不需要机械接触和施加任何压力即可动作，从而驱动执行机构或给采集装置提供信号。它本质上是一种位置传感器。纺织上，接近开关除广泛用于计长外，还用于纺织机械的行程控制，检测断条、断

3-2　接近开关的概念、
分类与原理

纱的发生。目前接近开关基本上实现标准化生产，各行业通用，其全密封的封装形式，使用方便，可靠性高，并能很好地杜绝纺织厂飞花的影响，因而在纺织行业的机械设备上使用广泛。

要注意，接近开关指的是一大类电子产品，其外观如图3-4所示。虽然各种接近开关外形相似，但根据其原理则有很多种类。纺织上常用的主要有电感式和霍尔式，下面就对它们的原理分别加以介绍。

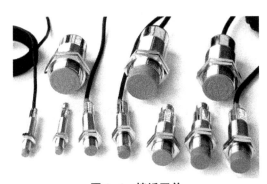

图3-4　接近开关

（一）电感式接近开关

1. 电感

在介绍电感式接近开关的原理之前，有必要首先介绍电感的概念。电子技术上，有三种电子元器件非常常用，它们就是电阻、电容和电感。在项目一和项目二中已经分别介绍了电阻和电容，这里着重介绍电感。

电感器就是阻止电流变化的器件。最简单的电感元件就是一个由导线构成的线圈（初中物理中的产生磁场的螺线管），通电后它将产生磁场。

在电路中，电感通常用"L"表示，电感量的国际单位是"H"，读作"亨"，除此之外还有"mH"和"μH"两个常用单位。电感的单位换算为：

$$1H = 10^3 mH = 10^6 \mu H$$

电感元件也是一种储能元件，不同于电容把电能储存在两极板上，电感把电能转换成磁能并储存起来。电动机就是利用磁能工作的，电动机内部都是线圈构成，所以分析电动机时都将其等效成一个电感与电阻。电感元件的特点就是对直流呈现很小的阻抗，对交流呈现较大的

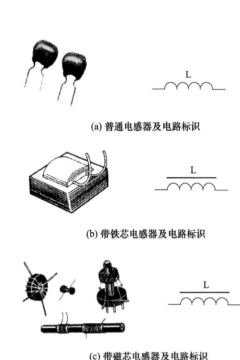

(a) 普通电感器及电路标识

(b) 带铁芯电感器及电路标识

(c) 带磁芯电感器及电路标识

图 3-5 电感

阻抗。阻抗在这里可以理解为电阻（阻抗单位也是欧姆），即阻抗值越大，流过的电流越小。电流的频率、大小确定时，阻抗大小取决于电感值。电感值大小如电阻一样，是制作电感的材料、电感的形状尺寸等因素先天决定的。但要注意，阻抗大小除取决于电感值外，还与电感所经过交流信号的频率有关。一般是通过交流信号频率越高，其阻抗越大，电子工程上正是利用这一点实现滤波、谐振等。

图 3-5 所示为一些常用电感器的外形和对应的电路标识。电感在调谐、滤波、振荡等模拟电路和干扰较重的数字电路中应用广泛。

2. 电感式接近开关的工作原理

电感式接近开关的工作原理如图 3-6 所示，当电感线圈通过交变电流 I_1 时，周围空间产生交变磁场 H_1，若此时有一金属导体置于交变磁场 H_1 中，导体内就会产生感应电流 I_2，这种电流像水中旋涡一样是闭合的，称为涡流，它是一种短路电流，电磁炉正是基于这种原理制成的，而电感式接近开关有时也称电涡流式接近开关。感应电流 I_2 又产生新的交变磁场 H_2。根据楞次定律，H_2 的作用将反抗原磁场 H_1，导致传感器线圈的等效电感发生变化，通过测量电路检测这种变化，就可以制成传感器来测量被测金属导体与传感器的距离。

电感式接近开关就是这类传感器的典型产品，其内部结构如图 3-7 所示。使用时，铁磁性的金属零件离检测头足够近时，将引起开关状态的跳转：原来为断开状态将转为闭合，原来为闭合状态将转为断开，从而实现检测与控制功能。

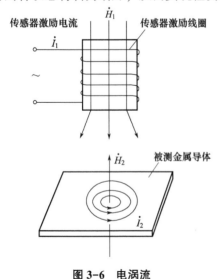

图 3-6 电涡流

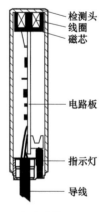

图 3-7 电感式接近开关的结构

3. 金属探测器

纺织生产中经常需要对纺织原料或产品进行有无金属物体的检测。如棉包中的螺丝、铁钉等不检出就会损坏梳棉机和其他设备，而服装厂制成的被褥、袜子或鞋类则有可能混入断针。利用电感式接近开关的原理，可以进一步制成金属探测器。

（二）霍尔式接近开关

霍尔式接近开关的外形也如图3-4所示，但其原理不同（图3-8）。

1. 霍尔效应与霍尔元件

置于磁场中的金属或半导体，当有电流流过时，在垂直于电流和磁场的方向会产生电动势（霍尔电势），原因是电荷受到洛伦兹力的作用，向两极偏转的结果。这一现象也被称为霍尔效应，利用霍尔效应制成的电子元件称霍尔元件。图中 f_1 表示洛伦兹力，它是电子在磁场中切割磁力线运动形成的；f_E 表示电场力，在垂直于电流和磁场的方向产生了正负电荷之后，就形成了电场，该电场

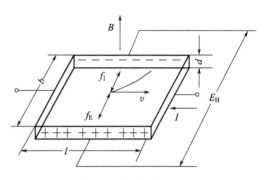

图3-8 霍尔效应原理

对电子有一个电场力 f_E；当 $f_1 = f_E$ 之后，电子就不再发生偏转，这也是为什么 E_H 不会无限增大的原因。

$$E_H = \frac{R_H I B}{d} = K_H I B$$

式中：I——电流；

B——磁感应强度；

K_H——灵敏度，$K_H = \dfrac{R_H}{d}$；

R_H——霍尔系数，$R_H = 1/ne$（n 为单位体积内电子数），其大小取决于导体载流子密度，由上述金属或半导体的材料决定。

厚度 d 越小，灵敏度越高，所以霍尔元件一般都制成薄片状。灵敏度确立以后，霍尔电势 E_H 就只跟电流 I 与磁感应强度 B 相关，这样在确定其中一个的情况下，就可用来测量另一个量。

霍尔元件的结构很简单，它是由霍尔片、四根引线和壳体组成的，如图3-9（a）所示。霍尔片是一块矩形半导体单晶薄片，引出四根引线：1、1′两根引线加激励电压或电流，称激励电极（控制电极）；2、2′引线为霍尔输出引线，称霍尔电极。霍尔元件的壳体是用非导磁金属、陶瓷或环氧树脂封装的。在电路中，霍尔元件一般可用两种符号表示，如图3-9（b）所示。

2. 霍尔传感器与霍尔式接近开关

霍尔传感器指利用霍尔元件加上检测电路构成的传感器，它主要分为线性型和开关型两大类。

（1）线性型霍尔集成传感器。线性型霍尔集成传感器也是一款集成电路，它是将霍尔元件和恒流源、线性放大器等集成在同一芯片上，输出电压较高，使用非常方便。

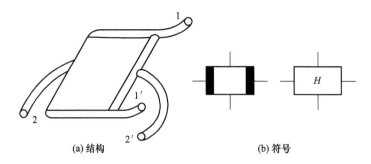

(a) 结构　　　　　　　　　　　　　(b) 符号

图 3-9　霍尔元件

例如，UGN3501M 具有双端差动输出特性的线性霍尔器件 UGN3501M 的外形、内部电路如图 3-10 所示，其输出的特性曲线如图 3-11 所示。当其感受的磁场为零时，第 1 脚相对于第 8 脚的输出电压等于零；当感受的磁场为正向（磁钢的 S 极对准 3501M 的正面）时，输出为正；磁场为反向时，输出为负，因此使用起来更加方便。它的第 5、第 6、第 7 脚外接一只微调电位器后，就可以微调并消除不等位电势引起的差动输出零点漂移。很明显，这只电位器起调零的作用（详见项目二任务二）。

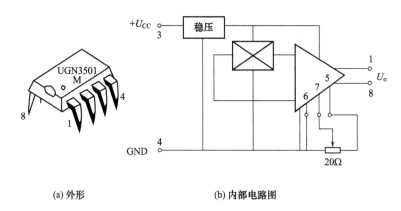

(a) 外形　　　　　　　　　　　　(b) 内部电路图

图 3-10　差动输出的线性型霍尔集成电路

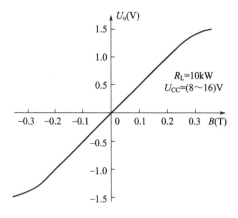

图 3-11　霍尔集成电路差动的输出特性

（2）开关型霍尔集成传感器。开关型霍尔集成传感器是将霍尔元件、稳压电路、放大器、施密特触发器、OC 门等电路集成在同一芯片上。例如，开关型霍尔集成电路 UGN3019，其外形与内部电路图如图 3-12 所示。

霍尔效应片产生的电势由差分放大器进行放大（项目二任务二中的集成运算放大器），随后被送到施密特触发器。当外加磁场 B 小于霍尔元件磁场工作点 B_{op}（$0.03 \sim 0.48T$）时，差动放大器的输出电压不足以开启施密特电路，故驱动晶体管 T 截止，霍尔器件处于关闭状态。

当外加磁场 B 大于或等于 B_{op} 时，差分放大器输出增大，起动施密特电路，使三极管 T 导通，霍尔元件处于开启状态。若此时外加磁场逐渐减弱，霍尔开关并不立即进入关闭状态，而是减弱至磁场释放点 B_{rp}，使差分放大器的输出电压降到施密特电路的关闭阀值，晶体管才由导通变截止。

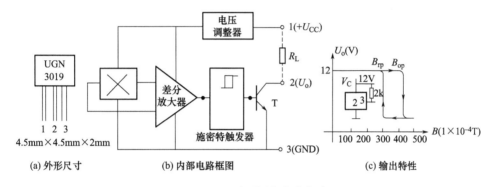

图 3-12 开关型霍尔集成电路

霍尔元件的磁场工作点 B_{op} 和释放点 B_{rp} 之差 ΔB 为磁感应强度的回差宽度。B_{op} 和 ΔB 是霍尔元件的两个重要参数。B_{op} 越小，器件灵敏度越高；ΔB 越大，器件抗干扰能力越强。霍尔元件所具备的回差特性使其抗干扰能力显著提高，外来杂散磁场的干扰不易使其产生误动作。

UGN3019T 内部还设置了电压调整电路。除晶体管 T 的工作电压外，其他电路的电源均由电压调整器供给，电压为 3.4V，而与器件外加电源电压的高低无关。这样可使外加电源电压的范围很宽，为 $4.5 \sim 24V$，为不同的应用带来很多的方便。USN3019T 的输出晶体管 T 采用集电极开路结构形式，便于器件与其他集成电路或负载直接接口。

UGN3019T 属于单稳开关型霍尔器件，而 UGN（S）3030T 和 UGN（S）3075T 为双稳开关型霍尔器件。双稳型霍尔开关的特点是：当外加磁场的磁感应强度达到器件的 B_{op} 时，开关接通，磁场消失后器件仍保持导通状态；只有在施加反向极性的磁场，而且磁感应强度达到 $-B_{op}$ 时，器件才翻转回到关闭状态。

（3）施密特触发器。上述霍尔元件的磁场工作点 B_{op} 和释放点 B_{rp} 之间之所以存在回差宽度 ΔB，是采用施密特触发器的缘故。施密特触发器是一类常用的集成电路元件，主要用来进行波形整定以获得理想的矩形脉冲。常用的施密特触发器有 74LS14、74LS18、74LS132 和 74LS221 等。图 3-13（a）为 74LS14P 芯片实物外形图；图 3-13（b）为其引脚图，可以看出其内部集成了 6 个施密特触发器。

从图 3-14（a）中可以看出，当输入电压增大到 V_{T+} 时，触发器的输出由低电平跳转到高电平；电压继续升高后，触发器输出维持在高电平；当触发器输入电压开始减小并减小到 V_{T+} 以下时，触发器仍维持高电平输出不变；当触发器输入电压减小到 V_{T-} 以下时，触发器跳回到低电平输出状态。V_{T+} 与 V_{T-} 间的差值即回差。图 3-14（b）描述的也是这一过程。

回差的存在非常必要，在抗干扰方面起到很好的作用。比如说，当输入电压达到 V_{T+} 以后，由于某种外界干扰影响，电压跌落到 V_{T+} 以下，很快又回升到 V_{T+} 以上。如没有回差，上述开关型霍尔元件的输出将来回跳动，但设置一定回差即可避免这一现象。

（4）霍尔式接近开关及霍尔传感器其他应用。霍尔式接近开关是利用如上述 UGN3019 开关型霍尔传感器制成的接近开关。这种类型的接近开关在使用时，必须在被测物对应位置固装小磁钢，否则不能起到应有作用。

(a) 外形

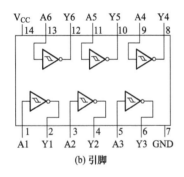

(b) 引脚

图 3-13　74LS14P 芯片外形及其引脚

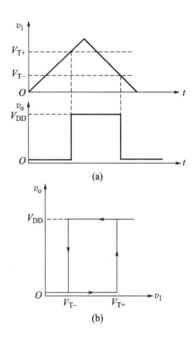

图 3-14　施密特触发器的输入输出特性

霍尔式接近开关只是霍尔传感器在位置检测领域的一项应用，霍尔传感器还应用于很多其他测量控制场合。图 3-15（a）为用于磁场强度测量的高斯计，图 3-15（b）为用于电流测量的钳形表。图 3-16 是一种四缸汽车发动机的点火装置，它的主要优点是非接触、不易磨损。工作时，发动机主轴带动磁轮鼓转动，霍尔器件感受的磁场极性交替改变，输出一连串与气缸活塞运动同步的脉冲信号去触发火花塞放电，从而完成点火过程。

三、接近开关的使用

1. 接近开关的参数

（1）尺寸参数。如图 3-4 所示，接近开关一般为螺栓状，有两个螺母用于将其固定在机器上。接近开关的尺寸参数主要指其直径，如 M12 表示直径为 12mm，M16 则表示其直径为 16mm。

（2）安装方式。安装方式分为埋入式和非埋入式两种类型。埋入式的接近开关在安装上

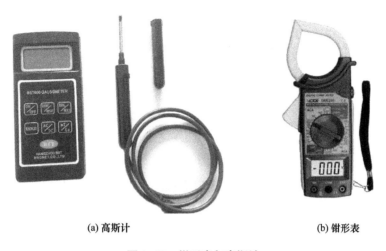

(a) 高斯计   (b) 钳形表

图 3-15 钳形表与高斯计

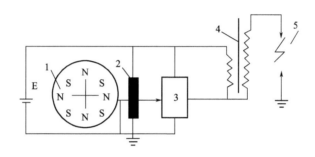

图 3-16 汽车气缸点火装置

1—磁轮鼓 2—开关型霍尔集成电路 3—晶体
管功率开关 4—点火线圈 5—火花塞

为齐平安装型，可与安装的物件形成同一表面；非埋入式的接近开关则需把感应头露出，以达到其检测长距离的目的。

（3）输出状态。输出状态分为常开（NO，即 Normal Open）和常闭（NC，即 Normal Close）两种类型。当无检测物体时，常开型的接近开关所接通的负载，由于接近开关内部的输出晶体管的截止而不工作；当检测到物体时，晶体管导通，负载得电工作。常闭型反之。

（4）输出形式。输出分 NPN 三线、NPN 四线、PNP 三线、PNP 四线、DC 二线、AC 二线等几种常用的形式。输出形式与输出状态一起决定接近开关的接线方式，使用时应加以注意。如某产品型号规格标为"NPN NO"，它代表该接近开关为 NPN 常开型。

（5）检测距离。检测距离又叫动作距离，是指被检测物体按一定方式靠近时，从基准位置（接近开关的感应表面）到开关动作时测得的基准位置到检测面的空间距离。额定动作距离指接近开关动作距离的标称值，即规定条件下的测得值。设定距离接近开关在实际工作中整定的距离，一般为额定动作距离的 0.8 倍。上述两种接近开关的检测距离均以 mm 为单位，一般为 4~6mm。

（6）回差距离。某些产品说明书上又叫应差距离。如图 3-17 所示，回差距离指检测物体移近开关基准感应面开关动作点和检测体移开接近开关时复位点之间的距离。一般回差应

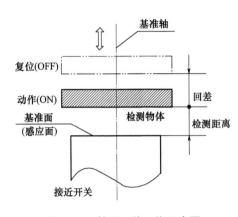

图 3-17 接近开关工作示意图

不大于有效动作距离的 20%，但回差距离并不是越小越好，回差在具体使用中的意义：在自动控制中，如接近开关用于限位，由于机械安装尺寸的误差，总会产生一些抖动，如开关不设定回差区域，则在检测体到达开关翻转的临界位置时，由于抖动，会发生有时接通有时断开的现象，从而会产生多次的误触发信号；如带动继电器，将会使继电器连续产生吸合与释放，但开关设定一定的回差量，则会对抖动不起响应作用，就会有效地避免误动作和继电器吸放现象。回差距离的存在是由于使用施密特触发器的结果。

（7）动作频率。在规定的 1s 的时间间隔内，接近开关最大动作循环的次数。与之对应的概念为响应时间：接近开关检测到物体时间到接近开关出现电平状态翻转的时间之差，它与动作频率成倒数关系。若接近开关的动作频率太低而被测物又运动得太快时，接近开关就来不及响应物体的运动状态，有可能造成漏检。一般情况下，霍尔型接近开关的响应频率高于电感式（霍尔型≤50000Hz，电感型≤5000Hz）。

（8）重复误差。它表征多次测量动作距离。其数值的离散性的大小一般为动作距离的 1%～5%，离散性越小，重复定位精度越高。

2. 接近开关的接线（二维码 3-3）

3-3 接近开关的使用

接近开关不同的输出形式对应不同的接线方式，如图 3-18 所示，NPN 型负载应跨接在电源正极与信号输出端上，PNP 型则是负载跨接在信号输出端与电源负极上。

之所以出现这种不同的接线方式，是因为接近开关在信号输出上采用的是 OC 门输出。OC 门电路也叫作集电极开路输出门电路。它的输出端，就是一只集电极开路的晶体管的集电极，而晶体管有两种：PNP 型和 NPN 型。这两种型式如要从内部结构区分，需要复杂的理论知识，但从实用角度来看，区别很简单：PNP 型接近开关，信号线的电流只能是流出

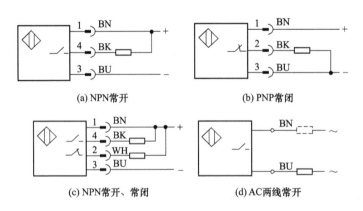

(a) NPN常开   (b) PNP常闭

(c) NPN常开、常闭   (d) AC两线常开

图 3-18 不同输出形式接近开关的接线图

的，所以负载接在信号线与电源负极之间；反之，NPN 型接近开关，信号线的电流只能是流进的，所以负载只能接在电源正极和负载之间。

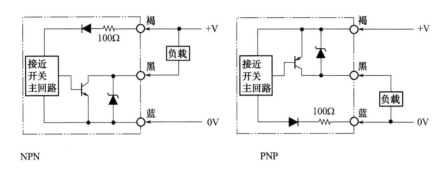

图3-19 2种接近开关的接法

四、电子计数器

在获得接近开关传出的信号后，对这些信号进行计数和对应换算就可以实现计长。计数是靠计数器完成的，下面介绍计数器芯片和电子计数器。

（一）计数器

在电子计算机和数字逻辑系统中，计数器是最基本部件之一，它能累计输入脉冲的数目，就像我们数数一样，最后给出累计总数。计数器的原理比较复杂，下面就一款计数器芯片74LS161 的应用进行简单介绍。

图3-20（a）是74LS161 的外形图，图3-20（b）是74LS161 的引脚图，各引脚功能如下：

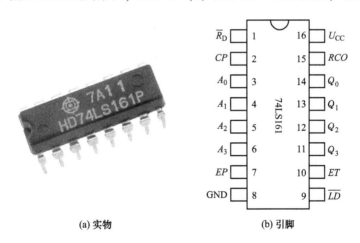

(a) 实物   (b) 引脚

图3-20 74LS161

1—清零端 R_D，低电平有效 2—时钟脉冲输入端 CP，上升沿有效 3~6—数据输入端
A0~A3，是预置数，可预置任何一个四位二进制数 7、10—计数控制端 EP、ET，
当两者或其中之一为低电平时，计数器保持原态；当两者均为高电平时，计数
9—同步并行置数控制端 LD，低电平有效 11~14—数据输出端 Q3~Q0
15—进位输出端 RCO，高电平有效

实际使用时，计数脉冲从引脚 2 输入，计数值从引脚 11~14 输出；计数满之后重新计数并在引脚 15 输出一个进位脉冲。表 3-1 显示了输入输出的情况，可以看出计数芯片计数本质上是按二进制进行相加的，最多可计 16 个脉冲（思考：若要计超过 16 个脉冲，如何进行）。

表 3-1　计数脉冲输入输出情况

计数脉冲数	二进制数				十进制数
	Q_3	Q_2	Q_1	Q_0	
0	0	0	0	0	0
1	0	0	0	1	1
2	0	0	1	0	2
3	0	0	1	1	3
4	0	1	0	0	4
5	0	1	0	1	5
6	0	1	1	0	6
7	0	1	1	1	7
8	1	0	0	0	8
9	1	0	0	1	9
10	1	0	1	0	10
11	1	0	1	1	11
12	1	1	0	0	12
13	1	1	0	1	13
14	1	1	1	0	14
15	1	1	1	1	15
16	0	0	0	0	0

图 3-4　计数器的使用

（二）电子计数器（二维码 3-4）

计数器芯片虽然能够实现计数，但它属于底层的元器件，给出的信号不便于读取。为了满足生产的需要，逐渐出现了一种电子计数器，它是利用数字电路技术数出给定时间内所通过的脉冲数并显示计数结果的数字化仪器。图 3-21 是电子计数器的外观，这些计数器功能更加强大，如加法计数/减法计数切换、掉电保护、计数数值设定等。计数器的一个重要指标是其位数，它反映了计数器的计数能力。

图 3-21　电子计数器

任务实施

一、项目任务

利用 HHJ1 计数器和接近开关或行程开关搭建计长仪。

二、用具器材

电感式接近开关两只（PNP 型、NPN 型各一只），数显计数继电器 1 只，24V 开关电源。

三、实施步骤

（1）对照图 3-22，找出 HHJ1 计数器的接线点，图物对照。

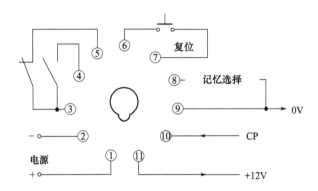

图 3-22　HHJ1 计数器接线端子

（2）根据说明书，首先将行程开关两接线点接入 10、11 引脚，并接上电容；在 6、7 引脚间接一按钮作为复位按钮。

（3）检查无误并通电，设置计数范围。

（4）拨动行程开关，进行计数，注意观察计数器显示值（图 3-23）。

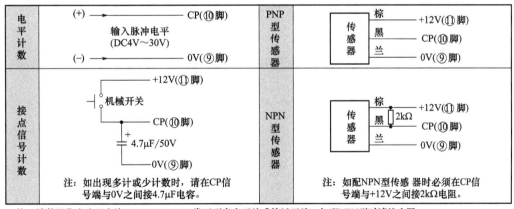

注　计数器优先选配直流型(DC6~36V)PNP 常开型光电开关或接近开关，如配 NPN 型时请按上图外接 2kΩ 电阻(每台计数器出厂时随机配送 2kΩ 电阻和 4.7μF 电容器各一个)。

图 3-23　HHJ1 计数器接线图

（5）根据说明书，将 PNP 型接近开关三根接线接入 9、10、11 接线端，复位按钮保留。

（6）重复步骤（3）~（4），并观察。

（7）根据说明书，将 NPN 型接近开关三根接线接入 9、10、11 接线端，复位按钮保留，并接上 2kΩ 电阻。

（8）重复步骤（3）~（4），并观察。

课后练习

书面作业

1. 什么是接近开关？根据工作原理，纺织常用接近开关可分为哪两类？

2. 接近开关的参数有哪些？试分别简述各参数意义和其纺织上的应用？

3. NPN 型和 PNP 型接近开关分别是如何接线的？

4. 什么是计数器的 N 制式、C 制式？画出示意图。

实践作业

HHJ1 计数器最大计数值为 9999，利用两个 HHJ1 计数器，前一个的计数满输出信号作为第二个的计数输入信号，实现 9999×9999 的计数。注意，前一计数器应工作在 C 制式。

项目四　搭建照明电路

任务一　学习安全用电常识

任务背景

纺织厂劳动密集、劳动人员多且存有大量可燃物品，在使用和维护维修纺织电气设备过程中，用电安全是首先需要认真对待的问题。其中，如何救护触电者、如何预防触电和如何扑灭初期电气火灾，是本任务产生的背景。

具体任务

1. 学习知识准备中的理论知识。

2. 模拟触电现场，解救触电者并实施救护。

3. 模拟电气火灾现场，利用灭火器进行灭火。

理论内容与要求

1. 了解电流对人体的伤害。

2. 了解常见的触电方式，学会防止低压触电的安全措施。

3. 掌握触电者的救护方法。

4. 掌握电气火灾的灭火方法。

用具器材

竹竿、木棒、木板、绝缘手套、绝缘靴、枕头、医用纱布、灭火器。

知识准备

用电安全包括人身安全和设备安全，人身安全是第一位的。一旦发生触电事故，将会给人身和设备造成重大损失，在劳动密集、存有大量可燃物品的纺织厂尤其如此。因此，必须牢固树立安全用电的意识并具备安全用电的基本知识。

4-1 纺织厂用电常识——安全电流

一、电流对人体的伤害（二维码4-1）

电流对人体的伤害按严重程度分电伤和电击两种。

电伤是指电流通过人体外部表皮造成局部伤害，典型的如热效应引起的灼伤。电击是指电流通过人体时致使人体内脏即神经系统造成伤害直至死亡。在触电事故中，电击和电伤常会同时发生。

触电造成的这种不同伤害程度与通过人体电流种类、大小、人体阻抗、持续的时间、电流流经人体的途径以及交流电的频率等因素有关。研究表明，直流引发的伤害事故相对较少，其原因部分是直流带电体易于摆脱。交流电，尤其是50Hz的交流电，对人体伤害较大，而且又被广泛应用，所以需要重点关注。

1. 电流的大小

电流的大小直接影响人体触电的伤害程度。不同的电流会引起人体不同的反应。根据人体对电流的反应，习惯上将触电电流分为以下几种。

感知电流——指能引起人体感知的最小电流，它一般不会对人体造成伤害，其大小工频时为1mA左右。

摆脱电流——指人触电后尚能自主摆脱电源的最大电流，它造成的伤害是人体能够忍受且不会造成危险的。实验证明，不同的人感知电流的大小不同，成年男性约为11mA，成年女性约为7mA。

致命电流也称心室颤动电流——指能引起心室颤动而危及生命的最小电流，其工频时为50mA左右。

2. 持续时间

通过人体的电流持续时间越长，人体受到的伤害就越严重。如在通电电流为50mA的情况下，如果通电时间超过1s，就会出现心室颤动而导致生命危险。若以电流的大小乘以持续时间来衡量对人的伤害，我国规定，50mA·s为安全值。

3. 人体电阻

人体电阻主要是皮肤电阻，人体组织的电阻很小，为500~800Ω。皮肤电阻在角质层完好且干燥情况下可达6~10kΩ，但去角质层的皮肤电阻只有800~1000Ω。所以皮肤沾水、有汗、损伤、表面沾有导电性粉尘等都会使人体电阻降低，导致触电危险性增加。由于较高的电压能击穿角质层，所以接触电压升高，人体阻抗明显降低，危险性急剧加大。

4. 电流通过人体的途径

电流通过不同的途径流经人体将造成不同的伤害。电流流经头部时，会使人昏迷而死亡；通过心脏会造成心跳停止而死亡；通过脊髓会导致瘫痪及严重损伤。因此，从左手到前胸是最危险的电流路径，这时心脏、肺部、脊椎等重要器官都处于电路内。从右手到脚的途径危险性小一些，但会因痉挛而摔伤。从右手到左手的危险性又要小一些。危险性最小的途径是从左脚到右脚，但触电者可能因痉挛而摔倒，导致电流通过全身造成二次事故。

5. 通过人体电流的频率

研究表明，频率为25~300Hz的电流容易导致生命危险，其中工频（50~60Hz）电流对人体的伤害最为严重。在直流和高频情况下，人体能够承受更大的电流作用，但电压过高的直流和高频电流仍会使人触电致死。

二、安全电压（二维码4-2）

4-2　纺织厂用电常识——安全电压

根据欧姆定律，电阻不变的情况下，电流与电压成正比，所以要达到一定的电流，就需要一定大小的电压，换句话说，当电压非常小时，就不会对人体造成伤害。在不带任何防护设备的情况下，当人体接触带电体时对人体各部分均不会造成伤害的电压值，称为安全电压。常见的36V安全电压的说法来自我国旧的国家标准，我国最新的国家标准GB/T 3805—2008对安全电压进行了详尽的描述，按照其规定，潮湿条件下，安全电压为交流（15~100Hz）16V，直流35V；干燥条件下，安全电压为交流（15~100Hz）33V，直流70V。

三、触电方式

人体触电方式常见的主要有单相触电、两相触电、跨步电压触电以及其他类型的触电。

1. 单相触电

单相触电指人体的一部分接触一根带电相线，另一部分又与大地接触，电流从相线通过人体经大地构成回路而触电的情况。在触电事故中，发生单相触电的情况最多，单相触电又可分为以下几种形式。

（1）中性点接地的单相触电。我国目前普遍使用三相四线制供电系统，包括三根相线和一根中性线，如图4-1所示。如果人站在地面上接触其中一根相线，电流便经过导线通过人体流入大地，再从大地流回中性线形成回路，因为接地体的电阻远远小于人体电阻，220V的电压基本全由人体承受。若人体电阻按3000Ω计算，流过人体的电流将达到70mA，足以危及生命。

（2）双手触及火线的单相触电。这种情况的触电主要发生在安装或维修电气设备时，如图4-2所示。人在与大地绝缘情况下（如站在木凳上或穿绝缘靴等），进行双手接线，不慎使双手和身体的上部成为相线导通的一部分，从而导致电流流经心脏，造成严重的触电事故。

图4-1 以大地构成回路的单相触电

图4-2 以人体构成回路的单相触电

2. 两相触电

两相触电是指人体的不同部位同时触及两根相线导致的触电事故，如图4-3所示。按我国三相四线制供电系统，这时人体承受380V的线电压，且不论人是否与大地绝缘均会触电，因而这是最危险的一种触电形式。

图4-3 双相触电

3. 跨步电压触电

如果电气设备发生对地短路、雷电入地或高电压线断裂落地时，电流通过接地点流入大地，会在周围形成一个强电场，其电位分布是从接地点向周围扩散，逐渐降低。当人跨进该区域时，两脚之间出现电位差，电流从一只脚流进，从另一只脚流出造成触电，这称为跨步电压触电，如图4-4所示。一旦发现可能跨步电压触电，首先不要慌张，此时应采取单脚或双脚并拢方式迅速跳出危险区。

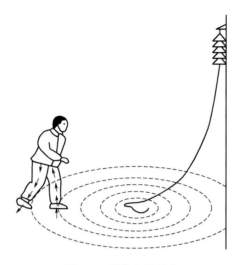

图 4-4 跨步电压触电

4. 其他类型的触电

由于纺织厂设备高速运转，大功率电动机和大容量电容使用较多，静电电击以及残余电荷电击等间接触电也需引起注意。

①静电电击。摩擦产生的静电会积累形成较大的电压，人接触此类物体时，会受到一定程度的电击。静电电击虽然不会对人体产生直接危害，但人体可能因此摔倒而造成所谓二次事故，在大型设备多、设备运转速度快的纺织厂尤其如此。

②残余电荷电击。由于电器设备的电容效应，在设备断开电源的一定时限内，设备中尚保留一定的电荷，即残余电荷，人若触及设备，则形成电击。这种情况容易出现在相关人员在断开电源后对大型纺织设备的盲目操作，如在此时就打开电控箱进行维护或参数设定。残余电荷电击带来的危害等同静电电击。

四、预防触电

安全用电的基本原则不接触低压带电体，不靠近高压带电体。为了防止电气事故，可采取的安全措施如下。

1. 保证电气设备的绝缘电阻

电气设备的金属外壳和导线间必须要有一定的绝缘电阻，否则当人触及正在运行的电气设备（如电动机、电扇）时，就会触电。通常要求固定电气设备的绝缘电阻不低于 $1M\Omega$ 可移动电气设备，如手枪电钻、冲击钻、台式风扇、洗衣机等的绝缘电阻还要高些。一般电气设备在出厂前，都测量过它们的绝缘电阻，以确保使用者的安全。使用者在使用中应注意保护绝缘材料，防止绝缘材料老化和受损破裂。

2. 电气设备必须有保护接地或保护接零

正常情况下，电气设备的金属外壳是不带电的，但在绝缘损坏而漏电时，外壳就会带电。为保证人触及漏电设备的外壳时不会触电，通常都采用保护接地或保护接零的安全措施。

（1）保护接地。保护接地是将电气设备不带电的金属外壳用导线通过独立的接地装置接地，如图4-5所示。如果电器未采用接地保护，当某一部分绝缘损坏或某一相线碰及外壳时，电器的外壳将带电，人体万一触及外壳时，就会有触电危险。相反，若将电气设备做了接地保护，单相接地短路电流就会沿接地装置和人体这两条并联支路分别流过。一般来说，人体电阻大于1000Ω，接地体的电阻规定不得大于4Ω，所以流进人体的电流就会很小，这样就减小了电气设备漏电后人体触电危险。

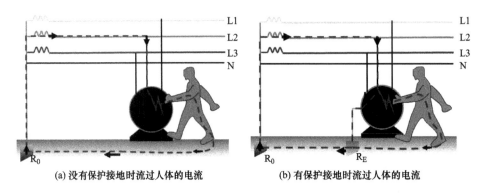

(a) 没有保护接地时流过人体的电流　　(b) 有保护接地时流过人体的电流

图4-5　保护接地工作原理

（2）保护接零。保护接零是将电气设备的金属外壳用导线与低压电网的零线相连接，如图4-6所示。在电压低于1000V的接零电网中，如果电气设备因绝缘损坏或意外情况而使金属外壳带电时，形成相线对中性线的单相短路，则线路上的保护装置（自动开关或熔断器）迅速动作，切断电源，从而使设备的金属部分不至于长时间存在危险的电压，这就保证了人身的安全。

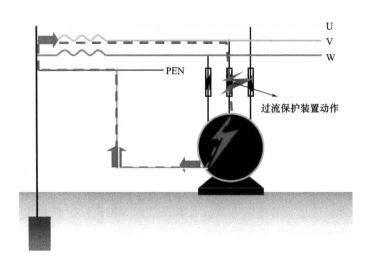

图4-6　保护接零工作原理

3. 电气设备有异常现象，必须立即切断电源

当发现设备有异常现象，如过热、冒烟、焦糊味、声音异常、打火等情况时，必须立即切断电源停止设备工作，然后再进行相应的处理。在故障未排除前不得再次接通电源试验。

五、触电急救

一旦发生触电事故，必须迅速、准确地采取相应的急救措施。

1. 使触电者迅速脱离电源

（1）低压触电事故可采用的方法。

①如果电源开关较近，应就近断开电源开关。

②如果电源开关较远，则应站在干燥的木板、木凳上拉开触电者，或用绝缘棒挑开触电者身上的电线，或用电工绝缘用具掐断电线。

（2）高压触电事故可采用的方法。

①立即向有关部门报警，尽快停电。

②带上绝缘手套、穿上绝缘鞋用绝缘工具断开高压断路器，或用绝缘棒拉开高压跌落式熔断器切断电源。

2. 进行现场救护

（1）迅速拨打 120 急救电话，使医务人员及时赶到。

（2）根据触电者受到的伤害程度采取正确的救护方法。

①如果触电者呼吸和心跳都未停止，应将触电者放到通风处，使其平卧放松休息，并严密观察，同时请医生诊治或送往医院。

②如果触电者呼吸停止，但心跳尚存，则应对触电者进行人工呼吸。

③如果触电者心跳停止，但呼吸尚存，则采取胸外心脏按压法。

④如果触电者心脏和呼吸都已停止，则应同时进行人工呼吸和胸外挤压。

⑤如果触电者呼吸停止且口鼻均受伤，应采用签收人工呼吸法。

六、电气灭火常识

1. 电气火灾的主要原因

电气火灾是指由电气原因引发燃烧而造成的灾害。短路、过载、漏电等电气事故都有可能导致火灾。设备自身缺陷、施工安装不当、电气接触不良、雷击静电引起的高温、电弧和电火花是导致电气火灾的直接原因。周围存放易燃易爆物是电气火灾的环境条件。

电气火灾产生的直接原因如下。

（1）设备或线路发生短路故障。电气设备由于绝缘损坏、电路年久失修、疏忽大意、操作失误及设备安装不合格等造成短路故障，其短路电流可达正常电流的几十倍甚至上百倍，产生的热量（正比于电流的平方）是温度上升超过自身和周围可燃物的燃点引起燃烧，从而导致火灾。

（2）过载引起电气设备过热。选用线路或设备不合理，线路的负载电流量超过了导线额定的安全载流量，电气设备长期超载（超过额定负载能力），引起线路或设备过热而导致火灾。

（3）接触不良引起过热。如接头连接不牢或不紧密、动触点压力过小等使接触电阻过大，在接触部位发生过热而引起火灾。

（4）通风散热不良。大功率设备缺少通风散热设施或通风散热设施损坏造成过热而引发火灾。

（5）电器使用不当。如电炉、电熨斗、电烙铁等未按要求使用，或用后忘记断开电源，引起过热而导致火灾。

（6）电火花和电弧。有些电气设备正常运行时就能产生电火花、电弧，如大容量开关、接触器触点的分合操作，都会产生电弧和电火花。电火花温度可达数千度，遇可燃物便可点燃，遇可燃气体便会发生爆炸。

2. 电气火灾的防护措施

电气火灾的防护措施主要致力于消除隐患、提高用电安全，具体措施如下。

（1）正确选用保护装置，防止电气火灾发生。

①对正常运行条件下可能产生电热效应的设备采用隔热、散热、强迫冷却等结构设计，并注重耐热、防火材料的使用。

②按规定要求设置包括短路、过载、漏电保护设备的自动断电保护。对电气设备和线路正确设置接地、接零保护，为防雷电安装避雷器及接地装置。

③根据使用环境和条件正确设计选择电气设备。恶劣的自然环境和有导电尘埃的地方应选择有抗绝缘老化功能的产品，或增加相应的措施；对易燃易爆场所则必须使用防爆电气产品。

（2）正确安装电气设备，防止电气火灾发生。

①合理选择安装位置。对于爆炸危险场所，应该考虑把电气设备安装在爆炸危险场所以外或爆炸危险性较小的部位。

开关、插座、熔断器、电热器具、电焊设备和电动机等应根据需要，尽量避开易燃物或易燃建筑构件。起重机滑触线下方，不应堆放易燃品。露天变电、配电装置，不应设置在易于沉积可燃性粉尘或纤维的地方等。

②保持必要的防火距离。对于在正常工作时能够产生电弧或电火花的电气设备，应使用灭弧材料将其全部隔围起来，或将其与可能被引燃的物料，用耐弧材料隔开或与可能引起火灾的物料之间保持足够的距离，以便安全灭弧。

安装和使用有局部热聚焦或热集中的电气设备时，在局部热聚焦或热集中的方向与易燃物料，必须保持足够的距离，以防引燃。

电气设备周围的防护屏障材料，必须能承受电气设备产生的高温（包括故障情况下）。应根据具体情况选择不可燃、阻燃材料或在可燃性材料表面喷涂防火涂料。

（3）保持电气设备的正常运行，防止电气火灾发生。

①正确使用电气设备，是保证电气设备正常运行的前提。因此应按设备使用说明书的规

定操作电气设备。严格执行操作规程。

②保持电气设备的电压、电流、温升等不超过允许值。保持各导电部分连接可靠，接地良好。

③保持电气设备的绝缘良好，保持电气设备的清洁，保持良好通风。

（4）妥善保管、检查灭火器。灭火器在不使用时，应注意对它的保管与检查，保证随时可正常使用。其具体保养和检查见表4-1。

表4-1　常用电气灭火器的主要性能

种类	二氧化碳	四氯化碳	干粉	1211	泡沫
规格	<2kg 2~3kg 5~7kg	<2kg 2~3kg 5~8kg	8kg 50kg	1kg 2kg 3kg	10L 65~130L
药剂	液态 二氧化碳	液态 四氧化碳	钾盐、钠盐	二氟一氯 一溴甲烷	碳酸氢钠 硫酸铝
导电性	无	无	无	无	有
灭火范围	电气、仪器、油类、酸类	电气设备	电气设备、石油、油漆、天然气	油类、电气设备、化工、化纤原料	油类及可燃物体
不能扑救的物质	钾、钠、镁、铝等	钾、钠、镁、乙炔、二氧化碳	旋转电动机火灾		忌水和带电物体
效果	距着火点3m距离	3kg 喷 30s，7m 内	8kg 喷 14~18s，4.5m内 50kg 喷 50~55s，6~8m	1kg 喷 6~8s，2~3m 内	10L 喷 60s，8m 内 65L 喷 170s，13.5m 内
使用	一手将喇叭口对准火源；另一只手打开开关	扭动开关，喷出液体	提起圈环，喷出干粉	拔下铅封或横锁，用力压压把即可	倒置摇动，拧开开关喷药剂
保养和检查	置于方便处，注意防冻、防晒和使用期	置于方便处	置于干燥通风处、防潮、防晒	置于干燥处勿摔碰	置于方便处
	每月测量一次，低于原重量1/10时应充气	检查压力，注意充气	每年检查一次干粉是否结块，每半年检查一次压力	每年检查一次重量	每年检查一次，泡沫发生倍数低于4倍，应换药剂

3. 电气火灾的扑救

发生火灾，应立即拨打119火警电话报警，向公安消防部门求助。扑救电气火灾时注意触电危险，为此要及时切断电源，通知电力部门派人到现场指导和监护扑救工作。

（1）切断电源。断电灭火电气设备发生火灾或引燃附近可燃物时，首先要切断电源。

①电气设备发生火灾后，要立即切断电源，如果要切断整个车间或整个建筑物的电源时，可在变电所、配电室断开主开关。在自动空气开关或油断路器等主开关没有断开前，不能随

便拉隔离开关，以免产生电弧发生危险。

②发生火灾后，用闸刀开关切断电源时，由于闸刀开关在发生火灾时受潮或烟熏，其绝缘强度会降低，切断电源时，最好用绝缘的工具操作。

③切断用磁力启动器控制的电动机时，应先用接钮开关停电，然后再断开闸刀开关，防止带负荷操作产生电弧伤人。

④在动力配电盘上，只用作隔离电源而不用作切断负荷电流的闸刀开关或瓷插式熔断器，叫总开关或电源开关。切断电源时，应先用电动机的控制开关切断电动机回路的负荷电流，停止各个电动机的运转，然后再用总开关切断配电盘的总电源。

⑤电容器和电缆在切断电源后，仍可能有残余电压，因此，即使可以确定电容器或电缆已经切断电源，但是为了安全起见，仍不能直接接触或搬动电缆和电容器，以防发生触电事故。

电源切断后，扑救方法与一般火灾扑救相同。

（2）带电灭火。

有时在危急的情况下，如等待切断电源后再进行扑救，就会有使火势蔓延扩大的危险，或者断电后会严重影响生产。这时为了取得扑救的主动权，扑救就需要在带电的情况下进行，带电灭火时应注意以下几点。

①必须在确保安全的前提下进行，应用不导电的灭火剂如二氧化碳、1211、1301、干粉等进行灭火。不能直接用导电的灭火剂如直射水流、泡沫等进行喷射，否则会造成触电事故。

②使用小型二氧化碳、1211、1301、干粉灭火器灭火时由于其射程较近，要注意保持一定的安全距离。

③在灭火人员穿戴绝缘手套和绝缘靴、水枪喷嘴安装接地线情况下，可以采用喷雾水灭火。

④如遇带电导线落于地面，则要防止跨步电压触电，扑救人员需要进入灭火时，必须穿上绝缘鞋。

⑤使用四氯化碳灭火器灭火时，灭火人员应站在上风侧，以防中毒；灭火后空间要注意通风。

⑥使用二氧化碳灭火时，当其浓度达85%时，人就会感到呼吸困难，要注意防止窒息。

此外，有油的电气设备如变压器。油开关着火时，也可用干燥的黄沙盖住火焰，使火熄灭。

（3）几种常用电气设备火灾扑救方法。

①发电机和电动机的火灾扑救方法。发电机和电动机等电气设备都属于旋转电动机类，这类设备的特点是绝缘材料比较少，这是和其他电气设备比较而言的，而且有比较坚固的外壳，如果附近没有其他可燃易燃物质，且扑救及时，就可防止火灾扩大蔓延。由于可燃物质数量比较少，就可用二氧化碳、1211等灭火器扑救。大型旋转电动机燃烧猛烈时，可用水蒸气和喷雾水扑救。实践证明，用喷雾水扑救的效果更好。对于旋转电动机有一个共同的特点，就是不要用砂土扑救，以防硬性杂质落入电动机内，使电动机的绝缘和轴承等受到损坏而造

成严重后果。

②变压器和油断路器火灾扑救方法。变压器和油断路器等充油电气设备发生燃烧时，切断电源后的扑救方法与扑救可燃液体火灾相同。如果油箱没有破损，可以用干粉、1211、二氧化碳灭火器等进行扑救。如果油箱已经破裂，大量变压器的油燃烧，火势凶猛时，切断电源后可用喷雾水或泡沫扑救。流散的油火，可用喷雾水或泡沫扑救。流散的油量不多时，也可用砂土压埋。

任务实施

一、项目任务
1.模拟触电现场，解救触电者并实施救护。
2.模拟电气火灾现场，实施灭火。

二、用具器材
竹竿、木棒、木板、绝缘手套、绝缘靴、枕头、医用纱布、灭火器。

三、实施步骤
任务 1
1.第一组同学布置模拟触电现场，尽可能模拟出真实情境。
2.第二组同学进行施救，按照使触电者迅速脱离电源和进行现场救护的步骤开展。
3.第三组同学仔细观察，找出不当或不规范之处。

任务 2
1.第一组同学布置模拟电气火灾现场，注意设置情境，如设置变压器油着火。
2.第二组同学进行模拟灭火，要注意选择带电灭火或是断电灭火，要注意选择灭火器。
3.第三组同学仔细观察，找出不当或不规范之处。
4.使用灭火器进行灭火。灭火过程中应注意以下事项。
（1）灭火器安全销拔出的正确方法。
（2）灭火时喷嘴应45°对准火苗根部。
（3）灭火时应一次将火扑灭，不可为图节省灭火材料而断续操作。
（4）灭火时应站在上风位置。

课后练习

书面作业
1.什么是电击？什么是电伤？二者有何区别？
2.影响电流对人体造成伤害的因素有哪些？
3.根据人体对电流的反应，可将触电电流分为哪几种？
4.现行国家标准对于安全电压如何定义？

5. 什么是保护接地？什么是保护接零？

6. 带电灭火有哪些注意要点？

实践作业

调查学校等场所灭火器种类，完成下表。

场所	教室	图书馆	机房	实习工厂
灭火器种类				

任务二 搭建照明电路

任务背景

纺织工厂内，电气维护人员的一项重要工作就是保证工厂照明的稳定工作。照明电路一般由电源、导线、控制器件和灯具四个部分组成，其中照明灯具作为照明电路的负载，将电能转换为光能实现照明。本任务主要讲电路的搭建，导线、灯具和控制器件选择、安装相关知识，根据给出的电气原理图绘制电气接线图，完成后搭建照明电路并检查调试。

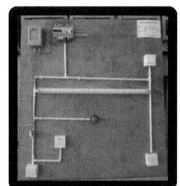

理论内容与要求

1. 了解电气图的概念、种类和用途。
2. 能识读电气原理图。
3. 能识读电气接线图。
4. 能根据电气接线图进行接线。

用具器材

电能表1只、1P断路器1只、2P断路器1只、剩余电流动作保护器2只、单板双联开关1只、五孔插座1只、日光灯及灯架1只、导线1卷、布线槽若干、万用表1只、剥线钳等工具1套。

知识准备

一、照明灯的种类及应用

电气照明装置广泛应用于生产和生活的各个领域。照明电路一般由电源、导线、控制器件和灯具四个部分组成，其中照明灯具作为照明电路的负载，将电能转换为光能实现照明。目前常用的照明灯种类有白炽灯、碘钨灯、荧光灯、高压汞灯、钠灯、金属卤化物灯和新型的 LED 灯，它们的特点及应用场所见表 4-2，纺织工厂内照明以荧光灯居多。

表 4-2 照明灯种类

类 别	特 点	应用场所
白炽灯	①构造简单，使用可靠，价格低廉，装修方便，光色柔和 ②发光效率较低，使用寿命较短	广泛应用于各种场所
碘钨灯（卤素灯）	①发光效率比白炽灯高 30% 左右，构造简单，使用可靠，光色好，体积小，装修方便 ②灯管必须水平安装（倾斜度不可大于 4°），灯管温度高（管壁可达 500~700℃）	广场、体育场、游泳池、工矿企业的车间、工地、仓库、堆场和门灯，以及建筑工地和田间作业等场所
荧光灯（日光灯）	①光效率比白炽灯高 4 倍左右；寿命长（比白炽灯长 2~3 倍），光色较好 ②功率因数低（仅 0.5 左右），附件多，故障率较白炽灯高	广泛应用于办公室、会议室和商店等
高压汞灯（高压水银荧光灯）	①光效率高，约是白炽灯的 3 倍，耐振耐热性能好，寿命是白炽灯的 2.5~5 倍 ②启辉时间长，适应电压波动性能差（电压下降 5% 可能会引起自熄）	广场、大型车间、车站、码头、街道、露天工厂、门灯和仓库等场所
钠灯	①光效率高，耐振性能好，寿命长（比白炽灯长 10 倍以上），光线穿透性强 ②辨色性能差	街道、堆场、车站和码头等，尤其适用于多露多尘埃的场所，作为一般照明使用
镝灯、钠铊铟灯（金属卤化物灯）	①效高，辨色性能较好 ②属强光灯，若安装不妥易发生眩光和较高的紫外线辐射	适用于大面积高照度的场所，如体育场、游泳池、广场、建筑工地等
LED 灯	①体积小，效率高（电光功率转换接近 100%），耗电量低，寿命长 ②不使用水银，环保节能无辐射，使用中不产生有害物质 ②成本高，散热不好时稳定性差	广泛应用于办公室、家庭的室内照明

二、导线的种类与选择

电线电缆一般由线芯、绝缘层和保护层三部分构成。电线电缆的品种很多，按照性能结构、制造工艺及使用特点可划分为裸导线和裸导线制品、电力电缆、电气设备用电线电缆、通信电线电缆、电磁线 5 类。

1. 裸导线及裸导线制品

本类产品的主要特征是：纯的导体金属，无绝缘及护套层，如钢芯铝绞线、铜铝汇流排、电力机车线等；加工工艺主要是压力加工，如熔炼、压延、拉制、绞合/紧压绞合等；产品主要用在城郊、农村、用户主线、开关柜等。

2. 电力电缆

本类产品主要特征是：在导体外挤（绕）包绝缘层，如架空绝缘电缆，或几芯绞合（对应电力系统的相线、零线和地线），如二芯以上架空绝缘电缆，或再增加护套层，如塑料/橡套电线电缆。主要的工艺技术有拉制、绞合、绝缘挤出（绕包）、成缆、铠装、护层挤出等，各种产品的不同工序组合有一定区别。

产品主要用在发电、配电、输电、变电、供电线路中的强电电能传输，通过的电流大（几十安至几千安）、电压高（220V 至 500kV 及以上）。

3. 电气装备用电线电缆

该类产品主要特征是：品种规格繁多，应用范围广泛，使用电压在 1kV 及以下较多，面对特殊场合不断衍生新的产品，如耐火线缆、阻燃线缆、低烟无卤/低烟低卤线缆、防白蚁、防老鼠线缆、耐油/耐寒/耐温/耐磨线缆、医用/农用/矿用线缆、薄壁电线等。

4. 通信电缆

随着近二十多年来，通信行业的飞速发展，产品也有惊人的发展速度。从过去的简单的电话电报线缆发展到几千对的话缆、同轴缆、光缆、数据电缆，甚至组合通信缆等。该类产品结构尺寸通常较小而均匀，制造精度要求高。

电气装备用电线电缆常用的有聚氯乙烯绝缘导线、丁腈聚氯乙烯复合物绝缘软导线和氯丁橡皮线（表4-3）。聚氯乙烯绝缘导线有 BV、BLV、BVR，橡皮绝缘导线有 BX、BLX、BXH、BXS。

表 4-3　常用电线代号及意义

代号	电线种类	代号	电线种类
B	布线	BLX	铝芯橡皮线
V	聚氯乙烯塑料护套	无 L	铜线
L	铝线	S	双芯
R	软线	H	花线
X	橡胶皮	BLV	铝芯塑料硬线
BV	铜芯塑料硬线	BX	铜芯橡皮线
BVR	铜芯塑料软线	BXS	铜芯双芯橡皮线
BXR	铜芯橡皮软线	BXG	铜芯穿管橡皮线
BXH	铜芯橡皮花线	BLXG	铝芯穿管橡皮线

注　一个 V 代表一层绝缘，两个 V 代表双层绝缘。

此外，常用的还有护套线，如图 4-7 所示，护套线是指带有护套层的单芯或多芯电线，

图 4-7 一种护套线

带护套的较安全。最常用的护套线是一层白色聚氯乙烯护套，里面套着几根 BV 线。这种线一般是铜芯导线，除了导线外面有一层绝缘层外，导线外面还有一层保护层。常用的护套线有 RVV、BVV、RVVB、BVVB 这几种型号。护套线可分为硬护套线和软护套线两种。根据应用环境和形状分为圆护套线和扁护套线，圆护套线一般是多芯，扁护套线一般是单芯。

导线的主要参数是其粗细，用平方毫米（mm²）表示，如 2.5mm² 的 BV 线，亦即电工常说的 2.5 平方（这里指 mm²）的硬线。不同粗细规格的导线，允许通过的电流大小不一样，常用绝缘导线的安全载流量及允许接用负荷见表 4-4。

表 4-4 常用绝缘导线的安全载流量及允许接用负荷

导线种类及标称截面积	安全载流量（A）	允许接用负荷（W）
2.5mm² 铝线	12	2400
4.0mm² 铝线	19	3800
6.0mm² 铝线	27	5400
10mm² 铝线	46	9200
1.0mm² 铜线	6	1200
1.5mm² 铜线	10	2000
2.0mm² 铜线	12.5	2500
2.5mm² 铜线	15	3000
4.0mm² 铜线	25	7000
6.0mm² 铜线	35	10740
9.0mm² 铜线	54	12000
10mm² 铜线	60	13500
0.41mm² 软铜线	2	400
0.67mm² 软铜线	3	600
1.16mm² 软铜线	5	1000
2.03mm² 软铜线	10	2000

在实际生产中，导线选择应参照导线手册或用经验算法计算。如工人师傅总结的口诀：

10 下五，100 上二，16、25 四，35、50 三，70、95 两倍半。穿管、温度八九折，裸线加一半。铜线升级算。

解释如下：10mm²（含 10mm²）以下的线以导线截面积乘以 5 就是该截面积导线的载流量，相应的截面积 100mm² 以上乘以 2，16mm²、25mm² 乘以 4，35mm²、50mm² 乘以 3，70mm²、95mm² 乘以 2.5。如果导线穿管乘以系数 0.8（穿管导线总截面积不超过管截面积的 40%），高温场所使用乘以系数 0.9（85℃以内），裸线（如架空裸线）截面积乘以相应倍率后再乘以 2（如 16mm² 导线：16×4×2），以上是按铝线截面积计算。铜线升级算是指 1.5mm² 铜线载流量等于 2.5mm² 铝线载流量，依此类推。根据以上计算得出的数据与查表数据误差不大。

5. 电磁线（绕组线）

其主要用于各种电动机、仪器仪表等。

三、白炽灯及其安装

1. 白炽灯

白炽灯也称钨丝灯泡，目前是照明的主要电光源。它由灯丝、玻璃外壳和灯头三部分组成。灯泡的形式有插口和螺口两种，如图 4-8 所示。

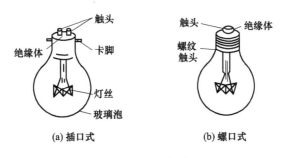

图 4-8 白炽灯泡

照明白炽灯的工作电压为 220V，功率有 15W、25W、40W、60W 和 100W 等多种规格。白炽灯由于结构简单且安装方便，价格低廉，故广泛用于照明，但其平均寿命仅 1kh 左右，加上发光效率低，故人们正在积极探索新的节能灯具来取代白炽灯。

电子节能灯是在白炽灯的基础上，采用电子线路对电源电压进行变换后送至荧光灯管驱动其发光，其发光效率得到很大提高，寿命也大大延长，得到越来越广泛的使用。但是它的价格较贵，且内部电路复杂，损坏后几乎无法维修，加上灯具市场的技术监督不到位，许多劣质节能灯产品根本达不到国家标准 GB/T 17263—2013，反而充斥市场，严重阻碍了节能灯的推广使用。电子节能灯的形式与白炽灯类似，安装也类似，故本书直接叙述白炽灯的安装方法。

2. 白炽灯的灯座

白炽灯的灯座又称灯头，主要用来安装灯泡。它的种类很多，常用的灯座如图 4-9 所示。

3. 白炽灯的开关

开关用来控制电路的通断，达到控制照明的目的，它在电路中与被控照明电路串联。常

(a) 插口吊灯座

(b) 插口平灯座

(c) 螺口吊灯座

(d) 螺口平灯座

图 4-9 常用灯座

用的开关如图 4-10 所示。

(a) 拉线开关

(b) 一位跷板开关

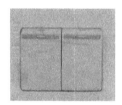
(c) 二位跷板开关

(d) 单联平开关

图 4-10 常用开关

4. 白炽灯的照明电路原理图

白炽灯接通电源就能发光。其中图 4-11(a) 为单联开关控制的白炽灯电路；图 4-5(b) 为双联开关控制白炽灯电路，多用于楼道照明开关控制电路。

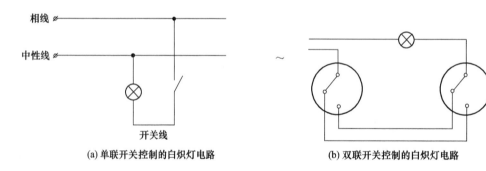

(a) 单联开关控制的白炽灯电路　　　(b) 双联开关控制的白炽灯电路

图 4-11 白炽灯的照明电路

四、荧光灯的安装

荧光灯又称作日光灯，也是普遍应用的一种电光源。

1. 荧光灯的组成

荧光灯由灯管、启辉器、镇流器、灯架和灯座等组成，如图 4-12 所示。

（1）灯管。灯管由玻璃管、引出脚和灯丝构成。玻璃管内壁涂有荧光材料，灯丝上涂有电子粉，管内充有少量的汞及适量的惰性气体氩气。灯管结构如图 4-13 所示。

（2）电感式镇流器。电感式镇流器是有铁芯的电感线圈。其作用是：在灯启动时它产生

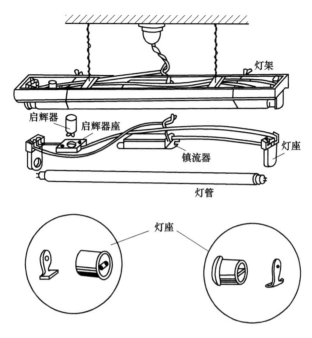

图 4-12　荧光灯的组成

瞬时高电压点燃灯管，在工作时它限制灯管电流。其结构形式有单线圈式和双线圈式两种。按其外形可分为半封闭式、开启式和半开启式三种。如图 4-14(a) 所示为封闭式单线圈，图 4-14(b) 所示为开启式双线圈。选用镇流器时，其标称功率必须与灯管的功率相符。

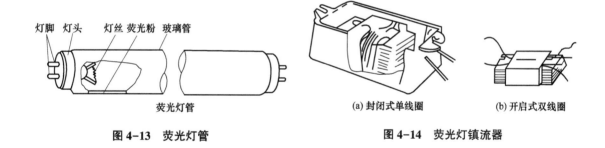

(a)封闭式单线圈　(b)开启式双线圈

图 4-13　荧光灯管　　　　　　**图 4-14　荧光灯镇流器**

　　(3) 电子镇流器。在日光灯电路中，电子镇流器与传统的电感式镇流器相比较，有节能低耗（自身损耗通常在 1W 左右），效率高，电路连接简单，不用启辉器，工作时无噪声，功率因数高（大于 0.9 甚至接近于 1），可使灯管寿命延长一倍等优点。尽管目前电子镇流器价格偏高，但从节能的角度考虑，有必要用电子镇流器来取代电感式镇流器。

　　电子式镇流器的种类繁多，但其基本原理是基于高频电路产生自激振荡，通过谐振电路使灯管两端得到高频高压而被点燃。图 4-15(b) 为采用电子镇流器的荧光灯接线图，在选用时，其标称功率必须与灯管的标称功率相符。

　　(4) 启辉器。启辉器又名启动器，是启动灯管发光的器件，其中电容主要是用来吸收干扰电子设备的杂波。若电容漏电严重，启辉器去掉后仍可使灯管正常发光，但将失去吸收干

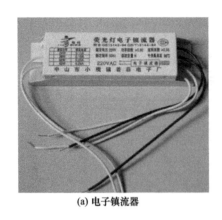
(a) 电子镇流器

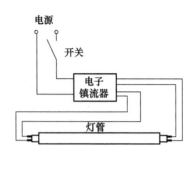
(b) 采用电子镇流器的荧光灯接线图

图 4-15　电子镇流器在荧光灯中的应用

扰杂波的能力。

（5）灯架。灯架是用来安装荧光灯电路中各个零部件的载体，有木制、铁制和铝制等几种类型。其外形如图 4-16 所示。选用灯架的规格应与灯管的长度、数量和光照的方向相配合，灯架的长度应比灯管稍长。

（6）灯座。荧光灯座有开启式和插入式两种，如图 4-17 所示。荧光灯管通过灯座支撑在灯架上，再用导线连接成完整的荧光灯工作电路。

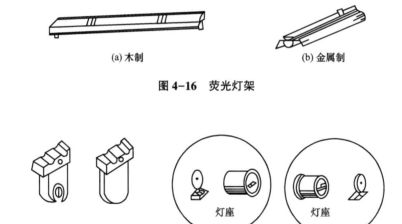
(a) 木制　　　　　　　　　　　　(b) 金属制

图 4-16　荧光灯架

(a) 开启式　　　　　　　　　　　　(b) 插入式

图 4-17　荧光灯座

2. 荧光灯的安装

荧光灯安装时，结合用的镇流器种类，按照对应电路原理图（图 4-18）接线，具体步骤如下。

（1）安装前要检查灯管、镇流器和启辉器等器件有无损坏，标称功率是否配套并保持一致。

（2）用灯架的荧光灯，首先选好灯座、启辉器座和镇流器的位置，将其固定在灯架上。

（3）电路连接要按所选定的电路原理图进行。

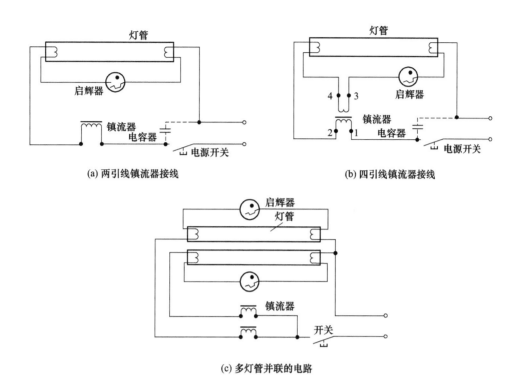

(a) 两引线镇流器接线   (b) 四引线镇流器接线

(c) 多灯管并联的电路

图4-18 荧光灯电路原理图

（4）荧光灯的标称功率常见的有8W、20W、30W和40W等，连接线可采用多股软导线。

（5）接线完毕，要对照电路原理图认真检查一遍，防止错接、漏接，并把裸露接头用绝缘胶布缠好，把启辉器旋入底座，把灯管装入灯座。等安装结束再打开电源开光试验，荧光灯应正常发光。

任务实施

一、项目任务（二维码4-3）

画两地控制一盏荧光灯的电气原理图（采用电子镇流器）（图4-19），完成后搭建电路并检查调试。

4-3 两地控制一灯

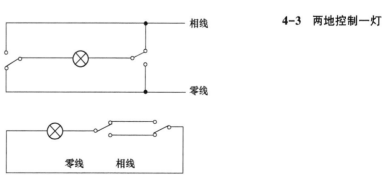

图4-19 双联开关两种接法

二、实训器材

实训器材见表4-5。

表4-5 实训器材一览表

序号	名称	规格	数量	备注
1	通用电工工具；钢丝钳、尖嘴钳、电工刀、扳手、螺丝刀、测电笔、榔头等			
2	万用表	DT-890	1	UT-52 或其他型号
3	灯架		1	
4	荧光灯管	20W	1	
5	灯座		1	
6	镇流器	与灯管功率相配套	1	
7	开关		1	
8	启辉器		1	
9	连接导线		多根	BVV 塑料护套线
10	铝片线卡		多个	
11	绝缘胶布		1卷	

三、实施步骤

（1）按照荧光灯的安装步骤进行安装与接线，并填写安装记录见表4-6。

（2）完成后进行自检，自检后由教师进一步检查，并调试。

表4-6 荧光灯照明电路安装记录

所用器材及规格	灯 管				镇流器			灯 架		
	功率 (W)	长度 (m)	直径 (mm)	灯丝电阻 (Ω)	配用功率 (W)	工作电压 (V)	线圈电阻 (Ω)	长度 (mm)	宽度 (mm)	厚度 (mm)
安装接线图										

课后练习

书面作业

1. 导线种类有哪些，如何进行选择？

2. 画出双联开关两地控制一灯的电路，阐述如何工作的？

实践作业

根据下图，搭建三地控制一灯电路。注意，其中的开关 S2 为中途开关。
（二维码 4-4）

4-4 三地控
制一灯

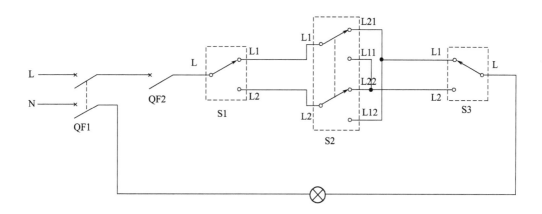

知识拓展 导线连接的基本要求与方法

一、导线连接的基本要求

导线连接是电工作业的一项基本工序，也是一道十分重要的工序。导线连接的质量直接关系整个线路能否安全可靠地长期运行。对导线连接的基本要求是：连接牢固可靠、接头电阻小、机械强度高、耐腐蚀耐氧化、电气绝缘性能好。

二、常用连接方法

需连接的导线种类和连接形式不同，其连接的方法也不同。常用的连接方法有绞合连接、紧压连接、焊接等。连接前应小心地剥除导线连接部位的绝缘层，注意不可损伤其芯线。

绞合连接是指将需连接导线的芯线直接紧密绞合在一起。铜导线常用绞合连接。

（1）单股铜导线的直接连接。小截面单股铜导线连接方法如图 4-20 所示，先将两导线的芯线线头作 X 形交叉，再将它们相互缠绕 2~3 圈后扳直两线头，然后将每个线头在另一芯线上紧贴密绕 5~6 圈后剪去多余线头即可。

大截面单股铜导线连接方法如图 4-21 所示，先在两导线的芯线重叠处填入一根相同直径的芯线，再用一根截面约为 1.5mm² 的裸铜线在其上紧密缠绕，缠绕长度为导线直径的 10 倍左右，然后将被连接导线的芯线线头分别折回，再将两端的缠绕裸铜线继续缠绕 5~6 圈后剪去多余线头即可。

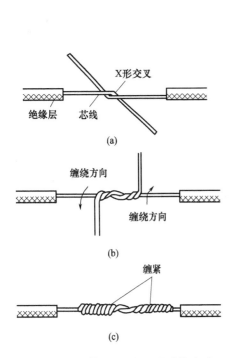

图 4-20　小截面单股铜导线连接方法

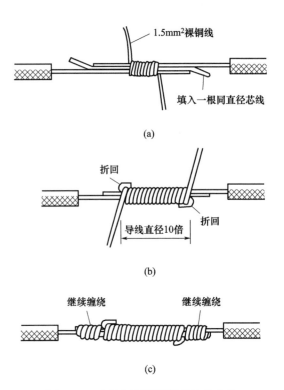

图 4-21　大截面单股铜导线连接方法

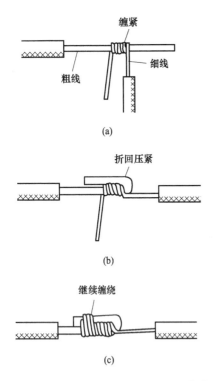

图 4-22　不同截面单股铜导线连接方法

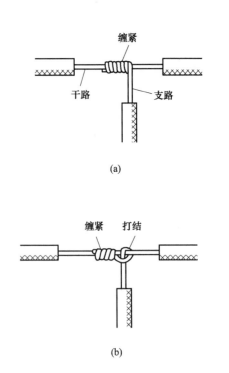

图 4-23　单股铜导线的 T 字分支连接方法

不同截面单股铜导线连接方法如图4-22所示，先将细导线的芯线在粗导线的芯线上紧密缠绕5~6圈，然后将粗导线芯线的线头折回紧压在缠绕层上，再用细导线芯线在其上继续缠绕3~4圈后剪去多余线头即可。

（2）单股铜导线的分支连接。单股铜导线的T字分支连接如图4-23所示，将支路芯线的线头紧密缠绕在干路芯线上5~8圈后剪去多余线头即可。对于较小截面的芯线，可先将支路芯线的线头在干路芯线上打一个环绕结，再紧密缠绕5~8圈后剪去多余线头即可。

单股铜导线的十字分支连接如图4-24所示，将上下支路芯线的线头紧密缠绕在干路芯线上5~8圈后剪去多余线头即可。可以将上下支路芯线的线头向一个方向缠绕［图4-24（a）］，也可以向左右两个方向缠绕［图4-24（b）］。

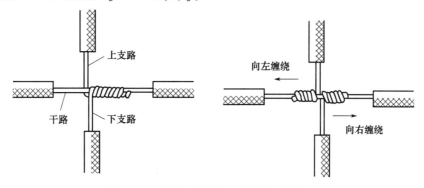

图4-24　单股铜导线的十字分支连接方法

（3）多股铜导线的直接连接。多股铜导线的直接连接如图4-25所示，首先将剥去绝缘层的多股芯线拉直，将其靠近绝缘层的约1/3芯线绞合拧紧，而将其余2/3芯线成伞状散开，

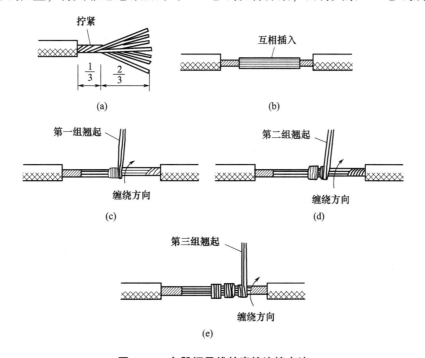

图4-25　多股铜导线的直接连接方法

另一根需连接的导线芯线也如此处理。接着将两伞状芯线相对着互相插入后捏平芯线，然后将每一边的芯线线头分作 3 组，先将某一边的第 1 组线头翘起并紧密缠绕在芯线上，再将第 2 组线头翘起并紧密缠绕在芯线上，最后将第 3 组线头翘起并紧密缠绕在芯线上。以同样方法缠绕另一边的线头。

（4）多股铜导线的分支连接。多股铜导线的 T 字分支连接有两种方法，一种方法如图 4-26 所示，将支路芯线 90°折弯后与干路芯线并行 [图 4-26(a)]，然后将线头折回并紧密缠绕在芯线上即可 [图 4-26(b)]。

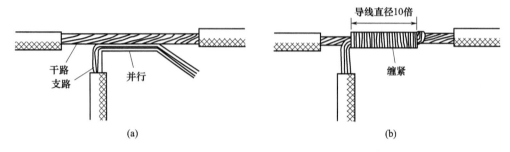

图 4-26　多股铜导线的 T 字分支连接方法（一）

另一种方法如图 4-27 所示，将支路芯线靠近绝缘层的约 1/8 芯线绞合拧紧，其余 7/8 芯线分为两组 [图 4-27(a)]，一组插入干路芯线当中，另一组放在干路芯线前面，并朝右边按图 4-27(b) 所示方向缠绕 4~5 圈。再将插入干路芯线当中的那一组朝左边按图 4-27(c) 所示方向缠绕 4~5 圈，连接好的导线如图 4-27(d) 所示。

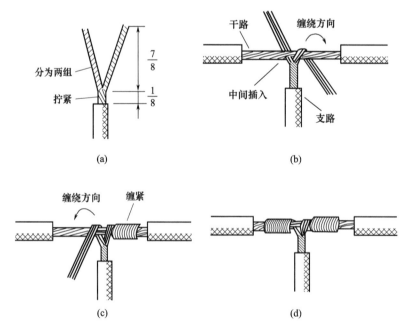

图 4-27　多股铜导线的 T 字分支连接方法（二）

（5）单股铜导线与多股铜导线的连接。单股铜导线与多股铜导线的连接方法如图 4-28 所示，先将多股导线的芯线绞合拧紧成单股状，再将其紧密缠绕在单股导线的芯线上 5~8 圈，最后将单股芯线线头折回并压紧在缠绕部位即可。

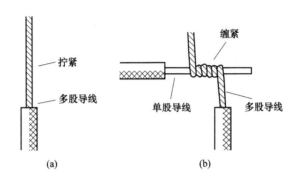

图 4-28　单股铜导线与多股铜导线的连接方法

（6）同一方向的导线的连接。当需要连接的导线来自同一方向时，可以采用图 4-29 所示的方法。对于单股导线，可将一根导线的芯线紧密缠绕在其他导线的芯线上，再将其他芯线的线头折回压紧即可。对于多股导线，可将两根导线的芯线互相交叉，然后绞合拧紧即可。对于单股导线与多股导线的连接，可将多股导线的芯线紧密缠绕在单股导线的芯线上，再将单股芯线的线头折回压紧即可。

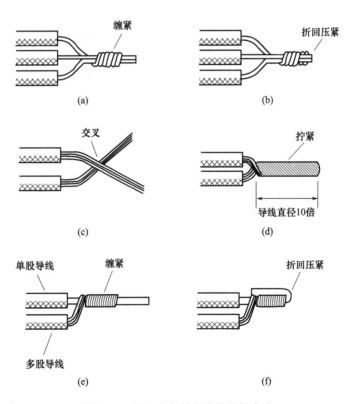

图 4-29　同一方向的导线的连接方法

（7）双芯或多芯电线电缆的连接。双芯护套线、三芯护套线或电缆、多芯电缆在连接时，应注意尽可能将各芯线的连接点互相错开位置，可以更好地防止线间漏电或短路。图4-30(a) 所示为双芯护套线的连接情况，图 4-30(b) 所示为三芯护套线的连接情况，图4-30(c) 所示为四芯电力电缆的连接情况。

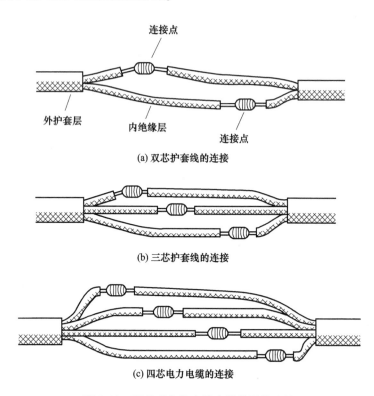

图 4-30　双芯或多芯电线电缆的连接方法

铝导线虽然也可采用绞合连接，但铝芯线的表面极易氧化，日久将造成线路故障，因此铝导线通常采用紧压连接。

三、导线连接处的绝缘处理

为了进行连接，导线连接处的绝缘层已被去除。导线连接完成后，必须对所有绝缘层已被去除的部位进行绝缘处理，以恢复导线的绝缘性能，恢复后的绝缘强度应不低于导线原有的绝缘强度。

导线连接处的绝缘处理通常采用绝缘胶带进行缠裹包扎。一般电工常用的绝缘带有黄蜡带、涤纶薄膜带、黑胶布带、塑料胶带、橡胶胶带等。绝缘胶带的宽度常用 20mm 的，使用较为方便。

1. 一般导线接头的绝缘处理

一字形连接的导线接头可按图 4-31 所示进行绝缘处理，先包缠一层黄蜡带，再包缠一层黑胶布带。将黄蜡带从接头左边绝缘完好的绝缘层上开始包缠，包缠两圈后进入剥除了绝缘层的芯线部分 ［图 4-31(a)］。包缠时黄蜡带应与导线成 55°左右倾斜角，每圈压叠带宽的 1/2

［图4-31(b)］，直至包缠到接头右边两圈距离的完好绝缘层处。然后将黑胶布带接在黄蜡带的尾端，按另一斜叠方向从右向左包缠 ［图4-31(c)、图4-31(d)］，仍每圈压叠带宽的1/2，直至将黄蜡带完全包缠住。包缠处理中应用力拉紧胶带，注意不可稀疏，更不能露出芯线，以确保绝缘质量和用电安全。对于220V线路，也可不用黄蜡带，只用黑胶布带或塑料胶带包缠两层。在潮湿场所应使用聚氯乙烯绝缘胶带或涤纶绝缘胶带。

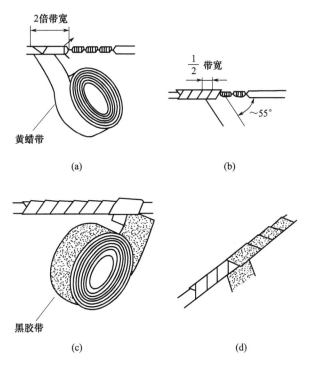

图4-31　一般导线接头的绝缘处理

2. T字分支接头的绝缘处理

导线分支接头的绝缘处理基本方法同上，T字分支接头的包缠方向如图4-32所示，走一个T字形的来回，使每根导线上都包缠两层绝缘胶带，每根导线都应包缠到完好绝缘层的两倍胶带宽度处。

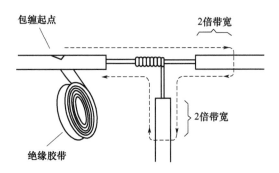

图4-32　T字分支接头的绝缘处理

3. 十字分支接头的绝缘处理

对导线的十字分支接头进行绝缘处理时，包缠方向如图 4-33 所示，走一个十字形的来回，使每根导线上都包缠两层绝缘胶带，每根导线也都应包缠到完好绝缘层的两倍胶带宽度处。

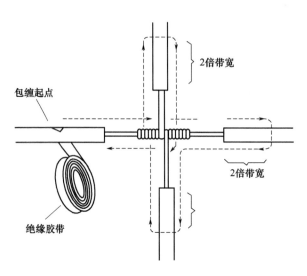

包缠起点

2倍带宽

绝缘胶带

2倍带宽

图 4-33　十字分支接头的绝缘处理

项目五　搭建控制电路控制三相异步电动机

任务一　认识常用低压电器与电动机

任务背景

　　纺织机械都是由电动机拖动的，电动机的种类众多，纺织行业常用哪种？如何通过铭牌就获知电动机的信息？同时由于纺织机械都是由电动机拖动的，现代纺织设备的电气控制很大程度上就是对电动机的控制。实际生产中，电动机的功率一般较大，而且启动、停止频繁，这时就要采用各种低压电器搭建控制电路。

具体任务

　　根据给出的电气原理图搭建点动控制电路控制三相异步电动机，并在此过程中完成电动机、低压电器铭牌识读，绝缘电阻测量，电流测量。

理论内容与要求

　　1.了解电气图的概念、种类和用途。

　　2.能识读电气原理图。

　　3.能识读电气接线图。

　　4.能根据电气接线图进行接线。

用具器材

　　三相异步电动机1台、3P断路器1只、交流接触器1只、按钮1只、热继电器1只、万用表1只、电工工具1套、导线若干。

知识准备

一、三相电基础知识

（一）三相电的概念及其特点

一般家庭用电均为单相交流电，然而电流的大规模生产和分配以及大部分工业用电，则都是以三相交流电路的形式出现。三相交流电源，一般由三相交流发电机产生，是由三个频率相同、振幅相等、相位依次互差120°的交流电势组成的电源，表达式如下。其波形曲线如图5-1所示。

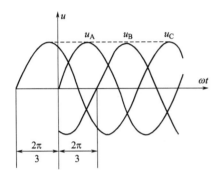

图 5-1　三相交流电波形曲线

$$u_A = U_m \sin\omega t$$
$$u_B = U_m \sin(\omega t - 120°)$$
$$u_C = U_m \sin(\omega t + 120°)$$

三相交流电较单相交流电有很多优点，它在发电、输配电以及电能转换为机械能方面都有明显的优越性。如制造三相发电机、变压器都较制造单相发电机、变压器省材料，而且构造简单、性能优良。又如，用同样材料所制造的三相电动机，其容量比单相电动机大50%；在输送同样功率的情况下，三相输电较单相输电省线，可节省有色金属25%，而且电能损耗较单相输电时少。由于三相交流电具有上述优点，所以获得了广泛应用。

（二）三相电的线电压与相电压

工农业生产及生活用电所使用的低压三相交流电源大多数是星形（Y）连接。其连接方式如图5-2所示。三相电源的星形（Y）连接时，三相发电机的尾端 X、Y、Z 连接在一起成为一个公共端，向外引出一根公共线，该公共线称为电源的中性线，简称中线（又称零线），并用 N 表示。首端 A、B、C 分别引出三根输电线 A、B、C（也可用 L_1、L_2、L_3 表示），称为端线或相线（又称火线）。火线采用黄、绿、红三色对应标示 A、B、C 三相。三相电源接星形（Y）连接向外供电的方式称为三相四线制。

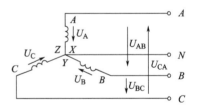

图 5-2　三相交流电源三相
四线供电系统

三相四线制供电系统可输出两种对称的交流电压，一种可以来自两根火线，另一种来自火线和零线。火线与火线之间的电压称为线电压，又称相间电压，分别用 U_{AB}、U_{BC}、U_{CA}（一般用 U_L）表示；火线与零线之间的电压称为相电压，分别用 U_A、U_B、U_C（一般用 U_P）表示。

线电压的大小是相电压的 $\sqrt{3}$ 倍。日常生活中 380V/220V 的供电方式就是三相四线制供电，其中 380V 为线电压的大小，220V 为相电压的大小。家用电器的额定电压一般均为220V，应该接在零线与相线之间；所以家庭的供电进户线为双线制，分别为零线与相线，也可称为单电源。

不加说明的三相电源和三相负载的额定电压通常是指线电压的值。

低压验电笔除主要用来检查低压电气设备和线路外，它还可区分相线与零线。通常氖泡发光者为相线，不亮者为零线；但中性点发生位移时要注意，此时零线同样也会使氖泡发光；当用来判断电压高低时，氖泡暗红轻微亮时，电压低；氖泡发黄红色，亮度强时电压高。

有些设备，特别是测试仪表，往往因感应而带电。此外，某些金属外皮也有感应电。在这些情况下，用验电笔测试有电，往往不能作为存在触电危险的依据。因此，还必须采用其他方法（如万用表测量）确认其是否真正带电。

二、三相异步电动机

（一）三相异步电动机的结构

电动机的作用是将电能转换为机械能，驱动生产机械。按电动机所耗电能性质的不同，可分为直流电动机和交流电动机两大类。在日常生活和工农业生产中通常使用交流电，因此交流电动机应用广泛。交流电动机可分为同步电动机和异步电动机，纺织上通常应用后者。

三相异步电动机具有结构简单、运行可靠、维护方便及价格便宜等优点，其结构如图 5-3 所示。异步电动机主要由定子（包括机座）和转子两部分组成，两部分之间由气隙隔开。定子是电动机的固定部分，用来产生旋转磁场，其主要由定子铁芯、定子绕组和机座等组成。转子是电动机的旋转部分，由转子铁芯、转子绕组、转轴等组成。

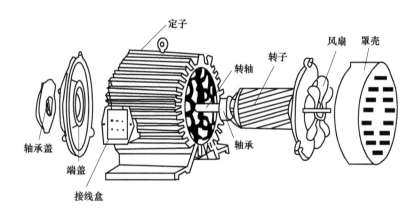

图 5-3　三相异步电动机的结构

（二）三相异步电动机的铭牌

图 5-4 是电动机的铭牌数据示例，现分述其含义。

1. 电动机的型号

它是表示电动机的类型、用途和技术特征的代号，用大写拼音字母和阿拉伯数字组成，各有一定意义（图 5-5）。

2. 额定电压

铭牌上的电压是指电动机额定运行时，定子绕组上应加的额定电源线电压值，用 UN 表示。

图 5-4　电动机名牌示例

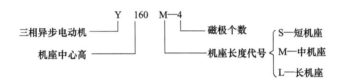

图 5-5　电动机型号

3. 额定电流

铭牌上的电流是指电动机在额定运行时，定子绕组的额定线电流值，也称为满载电流，用 IN 表示。

4. 额定功率

铭牌上的功率是指电动机的额定功率。额定功率是电动机在额定运行状态下，其轴上输出的机械功率，用 PN 表示。

5. 额定频率

铭牌上的频率是指电动机的额定频率。即定子绕组外加的电源频率。我国工业用电的标准频率为 50Hz。

6. 接法

铭牌上的接法是指电动机在额定运行时定子绕组的连接方式。

7. 额定转速

铭牌上的转速是指电动机在额定运行时，转子的转速，用 n 表示。

8. 绝缘等级

绝缘等级是指电动机内部定子绕组所用绝缘材料的耐热等级。常用绝缘材料的等级及其工作温度见表 5-1。

表 5-1　电动机常用绝缘材料的等级及其工作温度

绝缘等级	A	E	B	F	H
工作温度（℃）	105	120	130	155	180

9. 工作方式

工作方式是对电动机在铭牌规定的技术条件下持续运行时间的限制，以保证电动机的温升不超过允许值。电动机的工作方式可分为连续工作、短时工作、断续工作三种。

（三）三相异步电动机的选择

在选择电动机时，应根据实际需要合理选择其型号。

1. 电动机形式的选择

按工作方式的不同，相应选择连续、短时和断续周期性工作制的电动机。按转轴结构形式不同，相应选择卧式与立式。根据周围媒介质对电动机的影响，相应选择开启式、防护式、封闭式和防爆式。

2. 电动机额定功率的选择

电动机额定功率的选择，由生产机械所需要的功率，并根据电动机运行方式来决定。

3. 电动机额定电压的选择

电动机额定电压的选择应与供电电网相一致。一般车间的低压电网线电压为380V，因此中小型电动机的额定电压为220V/380V；当电动机功率较大时，在供电电网允许的条件下可选用3000V、6000V以及10000V的高压电动机。

4. 电动机额定转速的选择

电动机额定转速的选择应综合考虑电动机与机械传动两方面因素。

对于额定功率相同的电动机，额定转速越高，磁极对数越少，所以电动机的尺寸、重量和成本越小，从经济角度来选择高速电动机较为经济。对于某一特定生产机械，其生产速度一定，电动机转速越高，势必加大转动机构的转速比，使转动机构复杂。

三、常用低压电器

（一）主令电器

主令电器是指在电气自动控制系统中用来发出信号指令的电器。它的信号指令将通过继电器、接触器和其他电器的动作，接通和分断被控制电路，以实现对电动机和其他生产机械的远距离控制。常用的主令电器有按钮、位置开关、万能转换开关、主令控制器等。下面对常用的按钮和位置开关作简要介绍。

1. 按钮

按钮是一种短时接通或断开小电流电路的手动电器，通常用于控制电路中发出启动或停止等指令，以控制接触器、继电器等电器的线圈电流的接通或断开，再由它们去接通或断开主电路。可见，按钮是一种发出指令的电器，因此称为主令电器。另外，按钮之间还可实现电气联锁。

按钮一般是由按钮帽、复位弹簧、桥式动触点、静触点和外壳等组成。图5-6为常闭按钮、常开按钮和复合按钮的结构与符号。

常用按钮主要有LA2、LA10、LA18、LA19和LA25等系列。关于按钮的颜色及指示灯的颜色，国家有关标准都作了规定。按钮的结构形式有开启式、旋钮式、钥匙式、防水式、防腐式、保护式和带指示灯式等。

（1）常闭按钮。未按下时，触点是闭合的，如图5-6中的触点1、2，当按下时，触点1、2被断开，而手指松开后，触点在复位弹簧作用下恢复闭合。常闭按钮在控制电路中常用

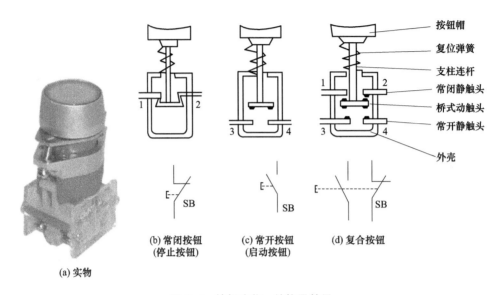

图 5-6　按钮实物、结构及符号

作停止按钮。

（2）常开按钮。未按下时，触点是断开的，如图 5-6 中的触点 3、4，当按下按钮帽时，触点 3、4 被接通，而松开后，触点在复位弹簧作用下返回原位而断开。常开按钮在控制电路中常用作启动按钮。

（3）复合按钮。当未按下时，触点 1、2 是闭合的，触点 3、4 是断开的，当按下时，先断开触点 1、2，后接通触点 3、4；而松开后，触点在复位弹簧作用下全部复位。复合按钮在控制电路中常用于电气联锁。

2. 位置开关

位置开关包括在控制电路中的作用同按钮类似，按钮为手动，而位置开关是通过生产机械的运动部件（如挡铁）碰撞或接近后使其触点动作的。行程开关按其结构形式有按钮式、滚轮式（单滚轮式、双滚轮式）、微动开关式之分；按其触点动作的速度有瞬动型和蠕动型之分；按其动作后复位方式有自动复位和非自动复位之分；按其触点的形式分为有触点（行程开关和微动开关）和无触点（接近开关）等。

行程开关是用来反映工作机械的行程，发布命令以控制其运动方向或行程大小的主令电器。如果把行程开关安装在工作机械行程终点处，以限制其行程，它就称作限位开关或终端开关。

图 5-7（b）为直动式行程开关的结构简图。当外部机械碰撞压钮，使其向下运动并压迫弹簧，使触点由与常闭静触点接触转向同常开静触点接触。当外部机械作用移去后，由于弹簧的反作用，触点恢复原位。

直动式行程开关优点是结构简单，成本较低；缺点是触点的分合速度取决于撞块移动速度。若撞块移动太慢，则触点就不能瞬时切断电路，使电弧在触点上停留时间过长，易于烧蚀触点。

此外，纺织上广泛应用的还有一种微动开关。微动开关是通过一定的外力经过微小的行

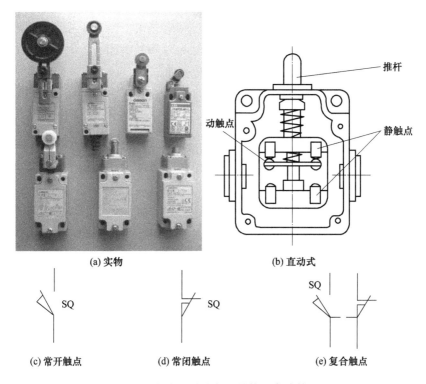

(a) 实物　　　　　　　　　　　(b) 直动式

(c) 常开触点　　　　(d) 常闭触点　　　　(e) 复合触点

图 5-7　行程开关实物、结构及电路符号

程使触点瞬时动作的开关。从某种意义上讲，微动开关是尺寸微小的行程开关。

（二）断路器

1. 断路器的种类

断路器全称为空气断路器，又称自动空气开关，如图 5-8 所示。它在现代的电气控制中被广泛作为电源的引入开关及电动机启动、停止的控制开关。断路器适用于交流 50Hz 或 60Hz，电压至 500V（直流电压 440V 以下）的电路，当电路中发生超过允许极限的过载、短路及失压时，电路自动分断。在正常条件下作为电路的不频繁接通和分断。

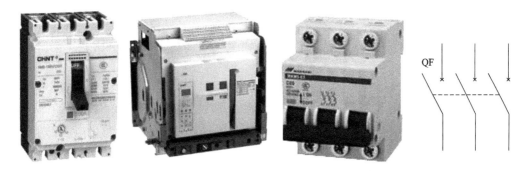

图 5-8　断路器实物及电路符号

纺织上常用的断路器有万能式、塑料外壳式和小型断路器。

2. 断路器的结构与原理

自动空气开关的三副主触头串联在被控制的三相电路中，当按下接通按钮时，外力使锁扣克服反力弹簧的斥力，将固定在锁扣上面的动触头与静触头闭合，并由锁扣锁住搭钩，使开关处于接通状态。正常分断电路时，按下停止按钮即可。

自动开关的自动分断，是由电磁脱扣器、欠压脱扣器和热脱扣器使搭钩被杠杆顶开而完成的。

电磁脱扣器的线圈和主电路串联，当线路正常时，所产生的电磁吸力不能将衔铁吸合，只有当电路发生短路或产生很大的过电流时，其电磁吸力才能将衔铁吸合，撞击杠杆，顶开搭钩，使触头断开，从而将电路分断。

欠压脱扣器和线圈并联在主电路上，当线路电压正常时，欠压脱扣器产生的电磁吸力能够克服弹簧的拉力而将衔铁吸合，如果线路电压降到某一值以下，电磁吸力小于弹簧的拉力，衔铁被弹簧拉开，衔铁撞击杠杆使搭钩顶开，则触头分断电路。

3. 断路器的参数

（1）额定电压（kV）。指断路器正常工作时，系统的额定（线）电压。这是断路器的标称电压，断路器应能保持在这一电压的电力系统中使用，最高工作电压可超过额定电压的 15%。

（2）额定电流（kA）。指断路器在规定使用和性能条件下可以长期通过的最大电流（有效值）。当额定电流长期通过高压断路器时，其发热温度不应超过国家标准中规定的数值。

（3）额定（短路）开断电流（kA）。指在额定电压下，断路器能可靠切断的最大短路电流周期分量有效值，该值表示断路器的断路能力。

（4）额定峰值耐受（动稳定）电流（kA）。指在规定的使用和性能条件下，断路器在合闸位置时所能承受的额定短时耐受电流第一个半波达到电流峰值。它反映设备受短路电流引起的电动效应能力。

（5）额定短时耐受（热稳定）电流（kA）。指在规定的使用和性能条件下，在额定短路持续时间内，断路器在合闸位置时所能承载的电流有效值。它反应设备经受短路电流引起的热效应能力。

（6）额定短路关合电流（kA）。指在规定的使用和性能条件下，断路器保证正常关合的最大预期峰值电流。

（三）熔断器

熔断器是指当电流超过规定值时，以本身产生的热量使熔体熔断，断开电路的一种电器。它是一种电流保护器，熔断器广泛应用于高低压配电系统和控制系统以及用电设备中，作为短路和过电流的保护器，是应用最普遍的保护器件之一。

纺织常用的是圆筒形帽熔断器，它由熔断器底座和熔体组成，如图5-9所示。

熔断器的主要参数如下。

（1）额定电压。熔断器长期工作时和分断后能够耐受的电压，其量值一般等于或大于电

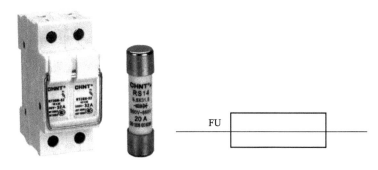

图 5-9　熔断器实物及电路符号

气设备的额定电压。

（2）额定电流。熔断器能长期通过的电流，它决定于熔断器各部分长期工作时的允许温升。

（四）接触器

接触器是最常用的一种自动开关，是利用电磁吸力使触点闭合或分断的电器。它根据外部信号（如按钮或其他电器的触点的闭合或分断）来接通或断开带有负载的电路，适合于频繁操作的远距离控制，并具有失压保护的功能。

接触器主要控制对象是电动机，也可用作控制电热设备、电照明、电焊机和电容器组等电力负载。接触器具有控制容量大、操作频率高、工作可靠、使用寿命长、维修方便和可远距离控制等优点。在电力拖动与自动控制系统中，接触器是应用最广的电器之一。

接触器的种类很多，按电压等级可分为高压与低压接触器；按电流种类可分为交流接触器和直流接触器；按操作机构可分为电磁式、液压式和气动式，但以电磁式接触器应用最广；按动作方式可分为直动式和转动式，按主触头的极数可分为单极、双极和三极等。下面主要介绍电磁式低压接触器。

交流接触器主要用于远距离接通与分断额定电压至 1140V、额定电流至 630A 的交流电路，以及频繁地控制交流电动机启动、停止、反转和制动等。

1. 交流接触器的结构

交流接触器主要由触点系统、电磁机构和灭弧装置等组成。其外形和结构如图 5-10 所示。其电路中的符号如图 5-11 所示。

接触器的触点用来接通与断开电路。按其接触情况可分为点接触式、线接触式和面接触式三种。按其结构形式分为桥式触点和指形触点两种。交流接触器一般采用双断点桥式触点，即两个触点串于同一电路中，同时接通或断开电路。接触器的触点有主触点和辅助触点之分。主触点用于通断电流较大的主电路，一般由接触面较大的动合触点组成。辅助触点用于通断电流较小的控制电路，它由动合触点和动断触点成对组成。接触器未工作时处于断开状态的触点称为动合触点或常开触点；接触器未工作时处于接通状态的触点称为动断触点或常闭触点。

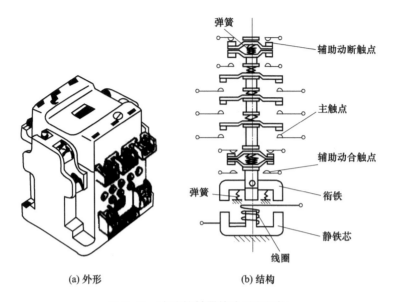

(a) 外形   (b) 结构

图 5-10　交流接触器的外形和结构

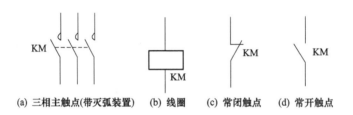

(a) 三相主触点(带灭弧装置)　(b) 线圈　(c) 常闭触点　(d) 常开触点

图 5-11　交流接触器电路中的符号

电磁机构是用来操纵触点的闭合和分断用的，它由静铁芯、电磁线圈和衔铁三部分组成。交流接触器的铁芯一般用硅钢片叠压后铆成，以减少交变磁场在铁芯中产生的涡流与磁滞损耗。交流接触器的线圈用绝缘的电磁线绕制而成，工作时并接在控制电源两端，线圈的阻抗大、电流小。交流接触器的铁芯上装有短路铜环，称为短路环，短路环的作用是减少交流接触器吸合时的振动和噪声。

交流接触器在分断大电流电路时，往往会在动、静触点之间产生很强的电弧，电弧会使触点烧伤，还会使电路切断时间加长，甚至会引起其他事故。因此，接触器都要有灭弧装置。容量较小的交流接触器的灭弧方法是利用双断点桥式触点在电路中将电弧分割成两段，以提高电弧的起弧电压，同时利用两段电弧相互间的电动力使电弧向外侧拉长，在拉长过程中使电弧受到冷却而熄灭；容量较大的交流接触器一般采用灭弧栅灭弧，灭弧栅片由表面镀铜的薄铁板制成，安装在石棉水泥或耐弧塑料制成的罩内。当电弧受磁场作用力进入栅片后，被分成许多串联的短弧，使每一个短弧上的电压维持不了起弧，导致电弧熄灭。电弧是一种空气放电现象。一般地，空气是不导电的，但在某些条件下如场强较高时，空气将被击穿，有较大的电流。

2. 交流接触器的原理

交流接触器的工作原理：当接触器线圈通电后，它产生的电磁吸力克服弹簧的反作用力，将衔铁吸合并带动支架使动、静触点接触闭合，从而接通主电路；当线圈断电或电压显著下降时，由于电磁吸力消失或过小，衔铁与动触点在弹簧反作用力作用下跳开，触点打开时产生电弧，但电弧在灭弧措施作用下迅速熄灭；最后切断主电路。

3. 交流接触器的主要参数

（1）额定电压。接触器铭牌上的额定电压是指主触头的额定电压。选用时，主触头所控制的电路电压应小于或等于接触器的额定电压。

（2）额定电流。接触器铭牌上的额定电流是指主触头的额定电流。

吸引线圈的额定电压等于控制回路的电压。交流有 36V、110V、127V、220V、380V；直流有 24V、48V、220V、440V。

（3）额定操作频率。接触器的额定操作频率是指接触器每小时允许的操作次数。

（五）热继电器（二维码 5-1）

热继电器是利用电流的热效应原理工作的保护电器，在电路中用作电动机的过载保护。电动机在实际运行中，常遇到过载情况，若过载不大，时间较短，绕组温升不超过允许范围，是可以的。但过载时间较长，绕组温升超过了允许值，将会加剧绕组老化，缩短电动机的使用年限，严重时会烧毁电动机的绕组。因此，凡是长期运行的电动机必须设置过载保护。

5-1 热继电器

热继电器种类很多，应用最广泛的是基于双金属片的热继电器，其外形及结构如图 5-12 所示，主要由热元件、双金属片和触头三部分组成。热继电器的常闭触点串联在被保护的二次回路中，它的热元件由电阻值不高的电热丝或电阻片绕成，串联在电动机或其他用电设备的主电路中。靠近热元件的双金属片，是用两种不同膨胀系数的金属用机械辗压而成，为热继电器的感测元件。当电动机正常运行时，热元件产生的热量虽能使双金属片弯曲，但还不

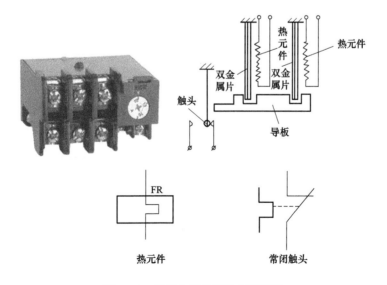

图 5-12 热继电器外形及电路符号

足以使继电器动作。当电动机过载时，流过热元件的电流增大，热元件产生的热量增加，使双金属片产生的弯曲位移增大，经过一定时间后，双金属片推动导板使继电器触头动作，切断电动机控制电路。热继电器动作后，一般不能立即自动复位，待电流恢复正常、双金属片复原后，再按复位按钮，才能使常闭触点回到闭合状态。

任务实施

5-2 电机点
动—任务实
现工作原理

一、项目任务（二维码5-2）

按下述电路图（图5-13）搭建点动控制电路，并进行相关测试与调试。

二、实训器材

小型断路器1只、交流接触器1个、按钮开关1、热继电器1个、熔断器2个、电工常用工具1套、连接导线若干。

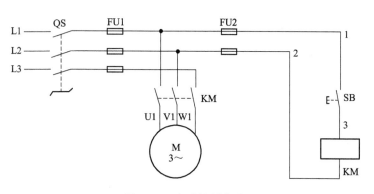

图5-13 点动控制电路

三、实训指导（二维码5-3）

对于容量稍大或者启动频繁的电动机，接通与断开电路应采用交流接触器。图为采用接触器点动控制电动机的线路。

5-3 搭建点动
控制电路

整个控制线路可分成主电路和控制电路两部分。主电路是从电源L1、L2、L3经电源总开关QS、熔断器FU1、接触器KM的主触点到电动机M的电路，流过的电流较大。控制电路由熔断器FU2、按钮SB、接触器KM线圈组成。

线路的工作原理如下：合上电路总开关QS，按下电动机M的点动按钮SB，接触器KM线圈通电。其通电回路为：电源L1→电源总开关QS→熔断器FU1→熔断器FU2→1号线→按钮SB→接触器KM线圈→2号线→熔断器FU2→熔断器FU1→电源总开关QS→电源L2。接触器KM线圈得电后，其主电路中接触器KM主触点闭合，接通电动机M的三相电源，电动机启动运转。松开按钮SB，接触器KM线圈失电释放，其在主电路中的主触点断开，切断电动机的三相电源，电动机M停转。

从以上分析可知，当按下按钮 SB，电动机 M 启动，松开按钮 SB，电动机 M 就停止，从而实现"一点就动，松开不动"的功能。

四、实训内容

（1）识读三相异步电动机铭牌，并做好记录。

（2）识读各低压电器的说明书，并做好记录。

（3）利用绝缘表量三相异步电动机绝缘电阻。

（4）搭建电路，并调试。

（5）利用钳形表量电动机每相电流。

五、实训报告

写出实训报告。

课后练习

书面作业

1.什么是线电压、相电压？什么是最大电压、有效电压？

2.如何选择三相异步电动机？

3.按钮分哪些种类？

4.断路器在电路中起哪些作用？它有哪些重要参数？

5.交流接触器的工作原理是什么？它有哪些重要参数？

6.热继电器的作用是什么？其工作原理是什么？

实践作业

利用网络调研低压电器售价，完成下表。

低压电器种类	品牌	重要参数	具体型号	售价

任务二 搭建三相异步电动机两地控制线路

任务背景

纺织机械的控制状态一般有启动、点动和停止三种，可利用接触器实现这样的控制。很多纺织机械属大型设备，占地面积巨大，为了便于工人的操作，一般要求能够两地甚至多地进行控制（比如在机头、机尾均有启动和停止按钮，都能对机器进行控制）。

具体任务

根据给出的电气原理图绘制电气接线图，完成后搭建电路并检查调试。

理论内容与要求

1. 了解电气图的概念、种类和用途。

2. 能识读电气原理图。

3. 能识读电气接线图。

4. 能根据电气接线图进行接线。

用具器材

三相异步电动机1台、3P断路器1只、交流接触器1只、按钮4只、热继电器1只、万用表1只、电工工具1套、导线若干。

知识准备

上一任务中，已经可以实现对电动机的点动控制。它可以实现"一点就动、松开不动"的功能，但还不能满足生产中机械设备的需要，本任务介绍电动机基本的控制电路。

5-4 连续—
实践效果

一、连续运转控制电路（二维码5-4）

连续运转控制又称长动控制，它是指按一下启动按钮（设备上的绿色按钮）后，电动机连续运转（松开后保持）；按一下停止按钮（设备上的红色按钮）后，电动机停止运转。其电路图如图5-14所示。

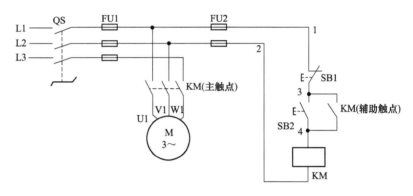

图5-14 电动机连续运转控制电路

主电路由电源总开关QS、熔断器FU1、接触器KM主触点、电动机M组成；控制电路由熔断器FU2、停止按钮SB1、启动按钮SB2、接触器KM线圈和动合辅助触点组成。

线路的工作原理如下：合上电源总开关QS，按下启动按钮SB2，接触器KM线圈得电。其通电回路为：电源总开关QS→熔断器FU1→熔断器FU2→1号线→停止按钮SB1→启动按钮SB2→接触器KM线圈→2号线→熔断器FU2→熔断器FU1→电源总开关QS→电源L2。接触器KM线圈得电后，其主电路中接触器KM主触点闭合，接通电动机M的三相电源，电动机启动运转。同时并接在3、4线之间接触器KM的辅助触点闭合，并形成自锁。（二维码5-5）

当松开启动按钮SB2时，由于并接在2线及3线之间KM的辅助常开触点闭合自锁，接触器KM通过以下途径保持得电：电源总开关QS→熔断器FU1→熔断器FU2→1号线→停止按钮SB1→接触器KM辅助触点→接触器KM线圈→2号线→熔断器FU2→熔断器FU1→电源总开关QS→电源L2。此时电动机M保持连续运行。

5-5 工作原理

当需要电动机M停止时，按下停止按钮SB1，接触器KM线圈回路电源被切断失电，电动机M停转。

特别提示：当启动按钮 SB2 松开时，由于与之并联的接触器 KM 辅助常开触点和主触点同时闭合，因而使接触器线圈电路仍然接通，主触点保持闭合位置，电动机继续运转。这种电路即所谓的自锁线路，KM 的这个辅助触点为自锁触点。

电动机在运行过程中，如果负载过大，电动机的电流将超过它的额定值。若持续时间较长，电动机的温升就会超过允许的温升值，将使电动机的绝缘损坏，甚至烧坏电动机。因此，对电动机过载需要采取保护措施，如图 5-15 所示。

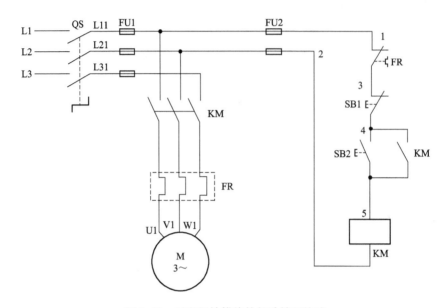

图 5-15　采用保护措施的长动控制线路

在图 5-15 中，主要采取以下几点保护措施。

（1）短路保护。熔断器 FU1、FU2 起短路保护。一旦发生短路事故，熔断丝立即熔断，电动机立即停车。

（2）过载保护。热继电器 FR 起过载保护，FR 的辅助常闭触点串接在控制电路的 1 线、3 线之间，当电动机过载运行时，电路中的电流增大，通过热继电器 FR 热元件的电流增大，热元件发热量增大，使热继电器中的双金属片弯曲的程度增大，从而推动机械装置使串接在控制电路中 1 线、3 线之间 FR 的辅助常闭触点断开，切断接触器 KM 线圈回路的电源，起到对电动机 M 的过载保护。

重点提示：由于热惯性，热继电器不能做短路保护。因为发生短路事故时，要求电路立即断开，而热继电器是不能立即动作的。

（3）零压保护。也称失压保护，是指当电源暂时断电或电压严重下降时，电动机自动从电源切除。交流接触器 KM 起零压保护。因为此时电磁吸力小于弹簧释放力，接触器的动铁芯释放而使主触点断开。当电源电压恢复正常时，如不重按启动按钮，电动机就不能自行启动，因为自锁触点已断开。

需要说明的是，若直接用组合开关启动和停止电动机时，由于停电时未及时断开开关，当电源电压恢复时，电动机即自行启动，可能造成事故。

二、点动与连续运转混合的控制电路（二维码5-6）

5-6 启动点
动停止效果

如果电动机有时既要点动控制，又要连续运转（长动）控制，那么可以把前面介绍的点动与长动控制电路结合起来，采用三个按钮和自锁触点，就可分别实现点动控制与长动运转控制。如图5-16所示，SB1为连续运转的停止按钮，SB2为连续运转的启动按钮，SB3为点动控制的复合按钮。

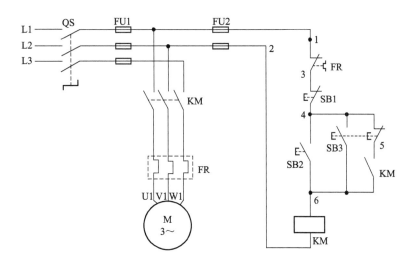

图5-16 点动与连续运转混合的控制电路

需要点动控制时，合上电源开关QS，按下点动复合按钮SB3，它的动合触头闭合，使接触器KM线圈通电吸合，接触器KM主触点闭合，电动机M启动运转，与此同时复合按钮SB3的动断触头断开，使接触器KM的动合辅助触点起不了自锁作用。松开点动复合按钮SB3时，接触器KM线圈断电释放，接触器KM主触点断开，电动机M停止运转。

需要连续运转时，合上电源开关QS，按下连续运转的启动按钮SB2，接触器KM线圈通电闭合，接触器KM主触点闭合，电动机M启动运转，与此同时接触器KM动合触点闭合，而此时复合按钮SB3的动断触头闭合着，这时接触器的动合触点起了自锁作用，当连续运转的启动按钮SB2松开后仍保持接触器KM线圈继续通电，从而使电动机M继续运转。

当按下连续运转的停止按钮SB1时，接触器KM因线圈断电而释放，接触器KM主触点和自锁触点断开，电动机M断电而停止运转。

三、多地控制电路（二维码5-7）

5-7 异地控
制效果

所谓多地点控制，是指能够在不同的地方对电动机的动作进行控制。在一些大型纺织设备中，为了操作方便，经常采用多地点控制方式。通常把动合启动按钮并联在一起，实现多地启动控制；而把动断停止按钮串联在一起，实现多地点停止控制，并将这些按钮分别安装在不同的地方即可达到目的。这样的控制要求可通过在电路中串联或并联电器的动断触头和动合触点来实现。

图 5-17 为一个三地控制电动机启动、停止的电路，其中 SB4、SB5、SB6 并联在一起，分别为三地不同的启动按钮，SB1、SB2、SB3 串联在一起，分别为三地不同的停止按钮。当需要电动机 M 运行时，在三地中任意位置按下启动按钮 SB4、SB5、SB6 中的任意一个按钮，接触器 KM 线圈得电并自锁，电动机 M 通电旋转。当需要电动机 M 停转时，在三地中任意位置按下按钮 SB1、SB2、SB3 中的任意一个，接触器 KM 线圈失电释放，电动机 M 断电停转。

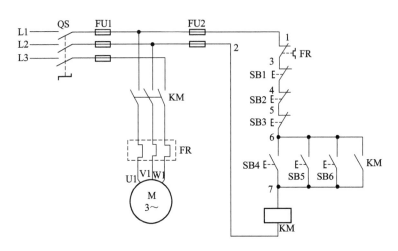

图 5-17　三地控制电路

任务实施

一、项目任务
搭建两地控制电路。

二、实训器材
小型断路器 1 只、交流接触器 1 个、按钮开关 4 只、热继电器 1 个、熔断器 2 个、电工常用工具 1 套、连接导线若干。

三、实训指导
首先根据书上三地控制线路的原理，画出两地控制电路。画图时注意，多地控制主要搞清楚按钮间的联接：启动按钮是并联，即"或"的关系；停止按钮是串联，即"与"的关系。

四、实训内容
（1）画两地控制电路图。
（2）识读各低压电器的说明书，并做好记录。

（3）搭建电路，并调试。

五、实训报告

写出实训报告。

课后练习

书面作业

1. 什么是自锁，其原理是什么？
2. 连续运转控制电路采取了哪些保护措施？
3. 点动与连续运转混合控制电路的原理是什么？
4. 三地控制电路的原理是什么？

实践作业

搭建图 5-16 中点动与连续运转混合的电路。

任务三 识读电路图并按图接线

任务背景

现代纺织设备的机电一体化程度非常高，控制电路一般比较复杂。打开实训工厂内FA485型粗纱机的电控箱，映入眼帘的即是满布的各种电器元件和上面密密麻麻的各色导线。

具体任务

根据给出的电气原理图绘制电气接线图，完成后搭建电路并检查调试。

理论内容与要求

1. 了解电气图的概念、种类和用途。

2. 能识读电气原理图。

3. 能识读电气接线图。

4. 能根据电气接线图进行接线。

用具器材

三相异步电动机1台、3P断路器1只、交流接触器2只、按钮3只、热继电器1只、万用表1只、电工工具1套、导线若干。

知识准备

一、电气图概述

电气图是用电气图形符号、带注释的圆框或简化外形表示电气系统或设备中组成部分之间相互关系及其连接关系的一种图。

电气图根据不同的用途分为系统图、电路图、功能图、接线图和设备元件表等。

电气图的作用：阐述电的工作原理，描述产品的构成和功能，提供装接和使用信息的重要工具和手段。

二、电气控制线路图的绘制规则

绘制电气控制线路图时，组成控制线路的各个元器件均要用图形符号表示出来，并且该图形符号要用相对应的文字符号注明，以表达电气控制系统原理、功能、用途以及电气元件之间的布置、连接和安装关系。

（一）电气原理图

为了简明、清晰地表达控制电路的结构、原理等，按主电路和辅助电路互相分开，采用电路元件展开的形式绘制而成的线路图，叫电气原理图。图中的电器元件不考虑实际位置和实际大小。

主电路图是指电源与电动机连接的大电流通过的电路，一般由负荷开关、熔断器、接触器的主触头、热继电器的发热元件、电动机等电器元件组成。在原理图中用粗实线绘制。

皮带传输机的电气原理图如图 5-18 所示。该图的 1、2、3 部分为主电路用粗实线绘制；4、5、6、7 部分为辅助电路用细实线绘制。

1. 电气元件绘制规则

电气图中电气元件触头的图示状态应按该电器的不通电状态和不受力状态绘制。

对于接触器、电磁继电器触头按电磁线圈不通电时的状态绘制；对于按钮、行程开关按不受外力作用时的状态绘制；对于低压断路器及组合开关按断开状态绘制；热继电器按未脱扣状态绘制；速度继电器按电动机转速为零时的状态；事故、备用与报警开关等按设备处于正常工作时的状态绘制。

2. 电气元件文字标注规则

电气图中文字标注遵循就近标注规则与相同规则。所谓就近规则是指电气元件各导电部件的文字符号应标注在图形符号的附近位置；相同规则是指同一电气元件的不同导电部件必须采用相同的文字标注符号（在图 5-18 中，控制 M1 电动机的交流接触器线圈、主触头及其辅助触头均采用同一文字标注符号 KM1）。

3. 连接绘制规则

连线布置形式分为垂直布置和水平布置两种形式。垂直布置是设备及电器元件图形符号从左至右纵向排列，连线水平布置，类似项目横向对齐。水平布置是设备及电器元件图形符

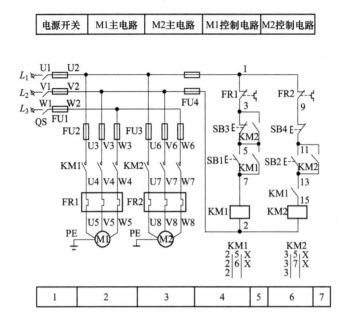

图 5-18 皮带传输机的电气原理图

号从上至下横向排列，连接水平布置，类似项目纵向对齐。电气原理图绘制时采用的连线布置形式应与电气控制柜内实际的连线布置形式相符。

交叉节点的通断：十字交叉点处绘制黑圆点表示两交叉连线在该节点处接通，无黑圆点则无连接；T 字节点则为接通节点，如图 5-19 所示。

为了注释方便，电气原理图各节点处还可标注数字符号，如图 5-18 所示控制电路的 1、3、5、7 等。数字符号一般按支路中电流的流向顺序编排。节点数字符号除了注释作用外，还起到将电气原理与电气接线图相对应的作用。

4. 图幅分区规则

垂直布置电气原理图中，上方一般按主电路及各功能控制环节自左向右进行文字说明分区，并在各分区方框内加注文字说明；如图 5-18 所示帮助对皮带传输机电气原理图的阅读理解。下方一般按"支路居中"原则从左至右进行数字标注分区，并在各分区方框内加注数字，以方便继电器、接触器等触头位置的查阅。

对于水平布置的电气原理图，则实现左右分区。左方自上而下进行文字说明分区，右方自上而下进行数字标注分区。

5. 触头索引规则

电气原理图中的交流接触器与继电器，因线圈、主触头所起作用各不相同，为清晰地表明机床电气原理图工作原理，这些部件通常绘制在各自发挥作用的支路中。在幅面较大的复杂电气原理图中，为检索方便，就需要在电磁线圈图形符号下方标注电磁线圈的触头索引代号。索引代号标注方法如图 5-20 所示。

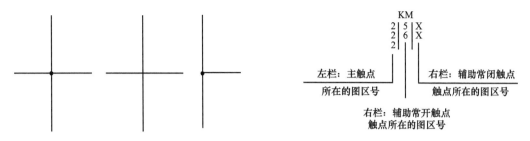

图 5-19 交叉节点的通断示意图　　　　图 5-20 电磁线圈的触点索引代号

（二）电气原理图识读

识读电气原理图要先清楚其中的电气原理及其符号所表示的含义，附录给出了常见电气图形符号和文字符号。识读原理图时先看主电路，再看控制电路。对于控制电路要熟悉典型控制电路。控制电路一般是由开关、按钮、信号指示、接触器、继电器的线圈和各种辅助触点构成，无论简单或复杂的控制电路，一般均是由各种典型电路（如延时电路、联锁电路、顺控电路等）组合而成，用以控制主电路中受控设备的"启动""运行""停止"使主电路中的设备按设计工艺的要求正常工作。对于复杂的控制电路，分割成若干个局部控制电路，然后与典型电路相对照，逐步分析。

现以电动机正反转控制电气原理图为例，分析读图的具体方法。（二维码 5-8）

5-8　电机正反转效果

纺织生产中，经常需要机器倒转，如织机倒转找梭口、整经机倒转找头等，倒转一般通过主电动机倒转实现，方法是将接入电动机的三相电的任意两相对调即可。

在图 5-21 的主电路中，自动开关 QF 用于接通和分断三相交流电源，两个交流接触器 KM1 和 KM2 分别用于控制电动机正转和反转，热继电器 FR 用于对电动机实现过载保护。

控制电路的工作原理是：图示是各电器出于不受力或不得电状态，通电后的工作过程如下。

1. 电动机正转

按下 SB1→KM1 线圈得电→$\begin{bmatrix} \text{KM1 主触头闭合} \\ \text{KM1 常开触头闭合自锁} \\ \text{KM1 联锁常闭触头断开} \end{bmatrix}$→电动机 M 正转

2. 电动机停止正转

按下 SB3→KM1 线圈失电→$\begin{bmatrix} \text{KM1 主触头断开} \\ \text{KM1 自锁触头断开} \end{bmatrix}$→电动机 M 停止正转

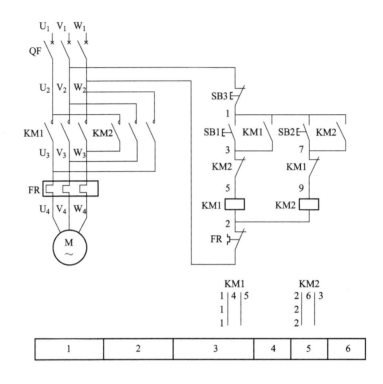

图 5-21　电动机正反转控制原理图

3. 电动机反转

$$按下\ SB2 \rightarrow KM2\ 线圈得电 \rightarrow \begin{bmatrix} KM2\ 主触头闭合 \\ KM2\ 常开触头闭合自锁 \\ KM2\ 联锁常闭触头断开 \end{bmatrix} \rightarrow 电动机\ M\ 反转$$

4. 电动机停止反转

$$按下\ SB3 \rightarrow KM2\ 线圈失电 \rightarrow \begin{bmatrix} KM2\ 主触头断开 \\ KM2\ 自锁触头断开 \end{bmatrix} \rightarrow 电动机\ M\ 停止反转$$

可以进一步分析电路：电动机正转过程中（按下 SB1 接通 KM1 后）按下 SB2 按钮，由于图区 5 中的 KM1 得电变成常开，整个电路无法接通，即此时按下 SB2 按钮，电路无反应，电动机仍正转。同理，电动机反转过程中（按下 SB2 后接通 KM2 后）按下 SB1 按钮，电路无反应，电动机仍正转。

如图 5-22 所示为电动机不带联锁正反转控制电路原理图。

特别提示：图区 5 中的 KM1 常闭触点与图区 4 中的 KM1 常开触点即构成所谓的联锁（又称互锁）控制线路，这种联锁电路在电气控制中的应用非常普遍，如本"任务实施"中的电路图，就是一种在上述电路基础上采用按钮互锁的双重联锁电路。

（三）电气接线图

表示电气控制系统中各电气元件、组件、设备等之间连接关系、连线种类和铺设路线等详细信息的电气图称为电气接线图。

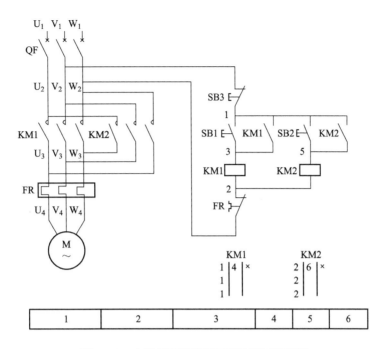

图 5-22 电动机不带联锁正反转控制原理图

电气接线图是检查电路和维修电路不可缺少的技术文件，根据表达对象和用途不同，可细分为单元接线图、互连接线图和端子接线图。单元接线图表示成套装置或设备中一个结构单元内的连接关系的一种接线图；互连接线图表示成套装置或设备的不同单元之间连接关系的一种接图；端子接线图表示成套装置或设备的端子，以及连接在端子上的外部接线的一种接线图。如图 5-23 所示为皮带传输机的互连接线图。

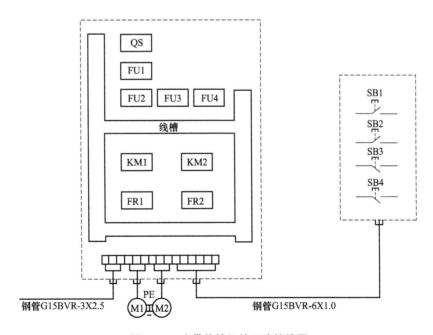

图 5-23 皮带传输机的互连接线图

　　安装接线图是以实际接线为依据，能清楚地反映各电气元件的连接和它们的相对位置。所以安装接线图要把同一电器的各个部件画在一起，并且布置尽可能反映电器的实际情况。各电器的图形符号、文字符号、节点符号等要与原理图一致。

　　电气安装接线图按照导线的连接体现方式的不同可分为散线法、线束法和相对编号表示法。现以图 5-23 所示的电动机正反转控制原理图为例，说明这三种表示方法。

1. 散线法表示的安装接线图

　　将电器元件之间的连线按照导线的走向逐根画出来的接线图。符合这一画法的接线图称为散线法表示的安装接线图。电动机的正反转散线法安装接线图如图 5-24 所示，其按钮盒与

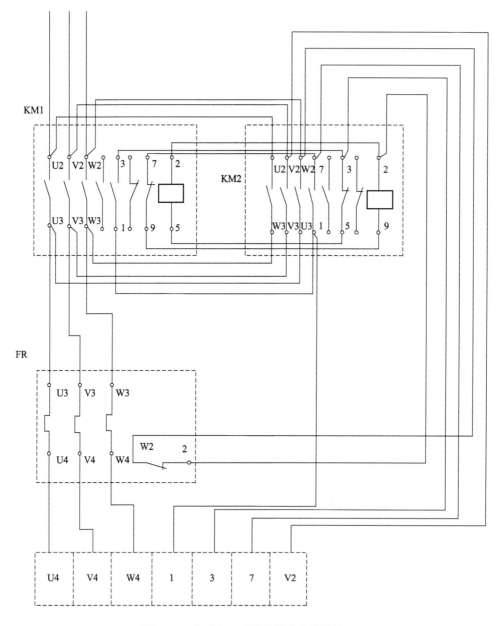

图 5-24　电动机正反转散线法安装接线图

电路板接线柱及按钮间的接线如图 5-25 所示。

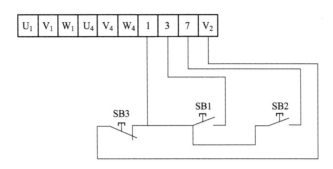

图 5-25　电动机正反转散线法按钮盒接线图

由图 5-24 可得，散线法中每一根画出的连线，即为实际电路接线中的一根导线。散线法表示的安装接线图很清楚地表达了线路中各元件的连接关系和导线走向，但所用线条很多。散线法一般适合比较简单的线路图。

在安装接线图中，标示了电器设备、元件和端子排列的相对位置。绘制电气安装接线图必须以原理图为基础。主电路采用粗实线标示，辅助电路采用细实线标示。

2. 线束法表示的安装接线图

线束法是相对于散线法而言。将散线法中走向相同的连接导线同一根线表示，按照这一画法的接线图称为线束法表示的安装接线图。电动机的正反转线束法安装接线如图 7-6 所示。

由图 5-26 可知，线束法中的连接导线不是每根全要画出，而是把走向相同的导线合并为一条线表示。对于部分走向相同的导线，对其走向相同部分也合并成一条线表示。在线束法中主电路与辅助电路严格分开，即使走向相同也不可合并。

一根线条代表的导线数目可以直观地分辨清楚，也可从导线的标注根数上得到体现。从图 5-26 可以清楚地看清各电器元件的实际连线方式。以主电路为例：电源进线采用 BVR 塑料绝缘软线，其线芯规格为 2.5mm^2，三根线穿入规格为 G15 的钢管，经过端子排后穿入直径为 15mm 的软管，接至刀开关 QS，经熔断器 FU1 和 KM1、KM2 主触点及热继电器 FR 后至端子排；再穿入 G15 的钢管至电动机 M。

线束法具有如下特点：主辅电路分别用不同的线束表示。每一线束都要标注导线型号、规格和根数。线束两端及中间分支出去的每一根元件相连的导线，在接线端子处均要进行标号，且与原理图上标号一致。

3. 相对编号法表示的安装接线图

采用相对编号法表示的安装接线图的特点：元件采用与原理图一致的符号标志；元件的接线端子与端子排的接线端子按元件、端子排间连线编号；甲乙两元件连线采用甲元件的接线端子标乙元件的符号和端子号，乙元件的接线端子标甲元件的符号和端子号。

电动机正反转主电路用相对编号法来表示的安装接线图如图 5-27 所示。

上述三种形式的安装图都是比较常用的形式。散线法最直观，适用比较简单的电路；线束法用一根线代表一束线，与实际布线时将走向相同的绑扎成一束相似；相对编号法表示的元件接线端子之间的连线最清楚，但线路走向不明确。

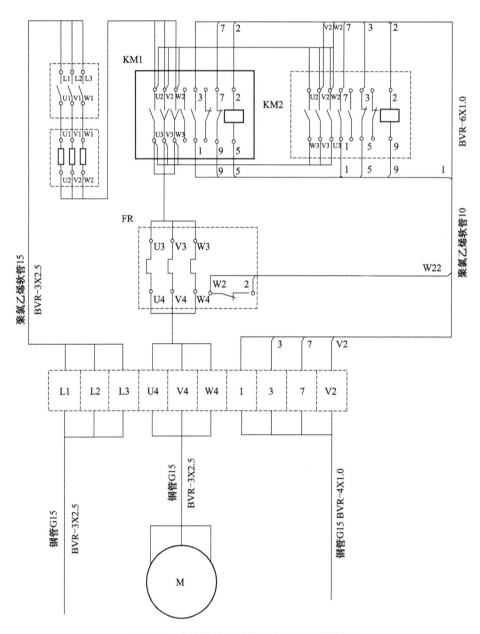

图5-26 电动机的正反转线束法安装接线图

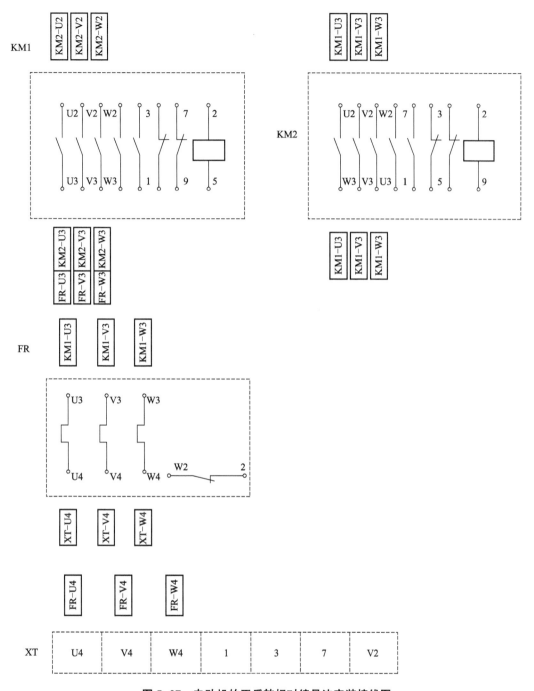

图 5-27　电动机的正反转相对编号法安装接线图

任务实施

一、项目任务

画出下面电气原理图（图 5-28）的接线图，完成后搭建电路并检查调试。

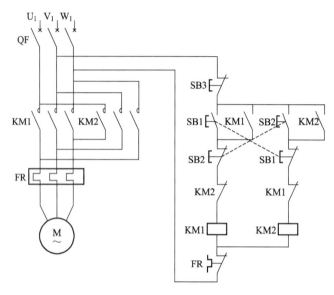

图5-28 电气控制图

二、分析电气原理图（二维码5-9~5-11）

读懂电路后，绘制电气接线图（先绘散线法，依次再绘线束法、相对编号法），绘制方法为：标线号→画元器件布置图→画元器件→按线号连线→检查核对。

5-9 接线图绘制—步骤说明

5-10 接线图绘制—标线号

5-11 接线图绘制—连线与检查

三、根据接线图装接电路

大致顺序为：挂元器件→主电路线缆标号→主电路接线→控制电路线缆标号→控制电路接线→检查核对。

装接电路的原则：应遵循"先主后控，先串后并；从上到下，从左到右；上进下出，左进右出"的原则进行接线。其意思是接线时应先接主线路，后接控制电路；先接串联电路，后接并联电路；并且按照从上到下，从左到右的顺序逐根连接；对于电器元件的进出线，则必须按照上面为进线，下面为出线，左边为进线，右边为出线的原则接线，以免造成元件被短接或接错。

装接电路的工艺要求："横平竖直，弯成直角；少用导线少交叉，多线并拢一起走。"其意思是横线要水平，竖线要垂直，转弯要是直角，不能有斜线；接线时，尽量用最少的导线，并避免导线交叉，如果一个方向有多条导线要并在一起，以免接成"蜘蛛网"。

检查核对的方法是，根据电气接线图，检查核对每个电气元件的接线端的接线是否完全（有无漏接，如电气接线图上接触器线圈的进线有两根，则实物上也应如此），线号是否正确。

四、万用表检查电路

1. 主电路的检查（将万用表打到 R×1 档或数字表的 200Ω 档，一般情况下，主电路检查时均应位于此档）。将表笔放在 U1、V1 之间，人为使 KM1 吸合，此时万用表的读数应为电动机两绕组的串联电阻值（设电动机为 Y 形接法），正常后再使 KM2 吸合，读数大致不变。完成上述之后，再将表笔放在 U1、W1 和 W1、V1 之间，重复上述工作。整个过程中，若发现电阻为零或无穷大，则说明电路有错误，应检查整改。

2. 控制电路的检查（将万用表打到 R×10 或 R×100 档或数字表的 2kΩ 档，一般情况下，控制电路检查时均应位于此档。表笔放在控制电路的两进行端，即 W1 和 N 处，一般情况下，控制电路检查时，万用表表笔均应位于此位置）。

放置好表笔后，未按任何按钮时读数应为无穷大；分别按下 SB1、SB2 或 KM1、KM2 时，读数均应为 KM1 或 KM2 线圈的电阻值；再同时按下 SB3，此时读数应为无穷大。

五、试车

经过上述检查正确后，在老师监护下通电试车。

（1）合上 QF，即接通电路电源。
（2）按启动按钮 SB1，则电动机正转。
（3）按停止按钮 SB3，则电动机正转停止。
（4）按启动按钮 SB2，则电动机反转。
（5）按停止按钮 SB3，则电动机反转停止。
（6）断开 QF，即断开电路电源。

课后练习

书面作业

1. 电气图如何分类？
2. 电气原理图的绘制规则有哪些？
3. 正反转控制电路的原理是什么？什么是互锁？
4. 电气接线图有哪些种类？各有什么特点？

实践作业

绘制下图控制电路的电气接线图，并搭建电路。注意，下图为纺织常用控制电路，功能是开车时先启动风机，再启动主电动机；关车时先关主电动机，再关风机，电路完成后注意检查是否正确。

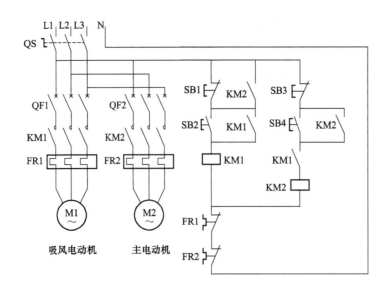

任务四　搭建三相异步电动机制动控制线路

任务背景

在前面的实践中，可以发现断电后电动机仍因为惯性持续旋转，这在纺织生产中是要加以控制，有时甚至是不允许的。在织机生产中，如果发现断纬后，机器若由于惯性会转过几次梭口，花纹会变乱，纬密也会变得不均匀，所以生产中要求立刻停车。这在电气控制上是通过制动电路实现的。

具体任务

根据电气图，搭建制动控制电路。

理论内容与要求

1. 了解电气图的概念、种类和用途。

2. 能识读电气原理图。

3. 能识读电气接线图。

4. 能根据电气接线图进行接线。

用具器材

三相异步电动机1台、3P断路器1只、交流接触器2只、时间继电器1只、按钮2只、热继电器1只、万用表1只、电工工具1套、导线若干。

知识准备

电动机断电后，由于惯性作用，自由停车时间较长。而某些生产工艺、过程则要求电动机在某一个时间段内能迅速而准确地停车。这时，就要对电动机进行相应的制动控制，使之迅速停车。

制动停车的方式主要有机械制动和电气制动两种。

一、机械制动

所谓机械制动，就是利用外加的机械作用力使电动机转子迅速停止旋转的一种方法，由于这个外加的机械作用力，常常采用制动闸紧紧抱住与电动机同轴的制动轮来产生，所以机械制动往往俗称为抱闸制动。抱闸制动通常分两种，即断电制动和通电制动。

1. 电磁抱闸系统的机械机构

电磁抱闸系统的机械机构如图 5-29 所示，其主要分两部分：制动电磁铁和闸瓦制动器。制动电磁铁由铁心、衔铁和线圈组成，是制动器的动作功能主体，制动电磁铁中线圈通电时使得铁心产生磁性，进一步使衔铁动作。闸瓦制动器由弹簧、闸轮、闸瓦和杠杆组成，是制动器的制动功能主体，它们共同作用实现对电动机轴的制动。闸轮与电动机装在同一根转轴上；制动强度可通过调整机械结构来改变。

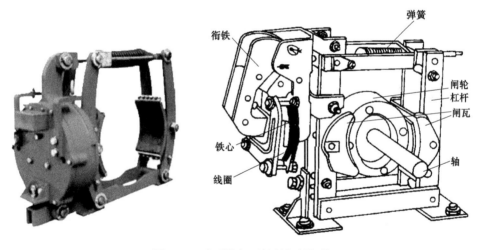

图 5-29　电磁抱闸系统的机械机构

2. 电磁抱闸断电制动控制线路

电磁抱闸断电制动控制线路的电气图如图 5-30 所示，其工作原理如下。

合上电源开关 QS，按动启动按钮 SB1，接触器线圈 KM 通电，KM 的主触头闭合，电动机通电运行。同时电磁抱闸线圈获电，吸引衔铁，使之与铁心闭合，衔铁克服弹簧拉力，使杠杆顺时针方向旋转，从而使闸瓦与闸轮分开，电动机正常运行。

当按下停止按钮 SB2 时，接触器线圈断电，KM 主触头恢复断开，电动机断电，同时电磁抱闸线圈也断电，杠杆弹簧恢复力。

这种制动控制电路的特点在于：主电路通电时，闸瓦与闸轮是分开的，电动机自由转动，一旦主电路断电时，闸瓦与闸轮抱住。

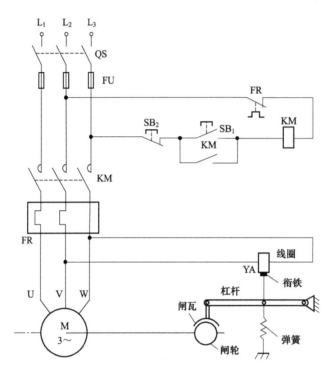

图5-30　电磁抱闸断电制动控制线路

3. 电磁抱闸通电制动控制线路

所谓通电制动控制是指与断电制动型相反，电动机通电运行时，电磁抱闸线圈无电，闸瓦与闸轮分开。当电动机主电路断电的同时，使电磁抱闸线圈通电，闸瓦抱住闸轮开始制动。电磁抱闸通电制动控制电气原理图如图5-31所示，其工作原理是：合上电源开关QS，按动启动按钮SB1，接触器线圈KM1通电，KM1主触头闭合，电动机正常运转。因其常闭辅助触头（KM1）断开，使接触器KM2线圈断电，因此电磁抱闸线圈回路不通电，电磁抱闸的闸瓦与闸轮分开，电动机正常运转。

当按下停止复合按钮SB2时，因其常闭触头断开，KM1线圈断电，电动机定子绕组脱离三相电源，同时KM1的常闭辅助触头恢复闭合。这时如果将SB2按到底，则由于其常开触头闭合，而使KM2线圈获电，KM2触头闭合使电磁抱闸线圈通电，吸引衔铁，使闸瓦抱住闸轮实现制动。

4. 机械制动的特点及线路原则

（1）采用机械制动时，制动强度可以通过调整机械制动装置而改变。另外机械制动需在电动机轴伸端安装体积较大的制动装置，所以对于某些空间位置比较紧凑的机床一类的生产机械，在安装上就存在一定的困难。

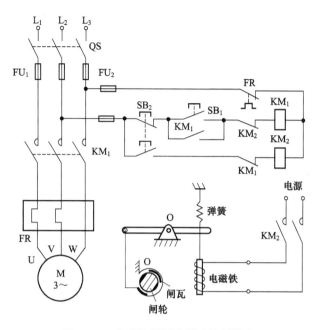

图 5-31 电磁抱闸通电制动控制线路

由于机械制动具有电气制动中所没有的优点，这种制动安全可靠，不受电网停电或电气线路故障的影响，所以得到了广泛应用。

（2）线路原则是：在采用机械制动的控制线路中，应该尽可能避免或减少电动机在启动前瞬间存在的"异步电动机短路运行状态"，就是电动机定子已接三相电源，而转子因"抱闸"而不转动的运动状态；在电梯、吊车、卷扬机等一类升降机械上，一律采用制动闸平时处处"抱紧"状态的制动方法，而机床一类经常需要调整加工件位置的生产机械上，则往往采用制动闸平时处于"松开"状态的制动方法。

5. 纺织设备中的机械制动

在纺织设备中，由于安装空间有限，制动力矩相对较小，所以目前多采用电磁制动器。电磁制动器工作原理与电磁抱闸系统类似，不同的是电磁制动器使用刹车片取代闸轮闸瓦，一般使用直流电作为电源。图 5-32 为纺织中常用的电磁制动器实物。

图 5-32 电磁制动器实物

二、电气制动

1. 电气制动的分类

电气制动是产生一个与原来转动方向相反的制动力矩，达到使电动机停止运动的方法。三相异步电动机常用的制动有：反接制动、能耗制动、电容制动和回馈制动等。无论哪种制动方式，在制动过程中，电流、转速、时间三个参量都在变化，因此可以取某一变化量作为控制信号，但要在制动结束时及时取消制动转矩。在纺织设备上，应用较多的是能耗制动和电容制动。

2. 能耗制动（二维码 5-12）

（1）制动原理。能耗制动是在电动机断开交流电源后，通过立即在定子绕组的任意两相中通入直流电，以消耗转子惯性运转的动能来进行制动的，所以称为能耗制动，又称为动能制动。

5-12　能耗制动
的效果

当切断电动机的交流电源后，这时转子仍沿原方向惯性运转，随后立即在任意两相定子绕组通入直流电，使定子中产生一个恒定的静止磁场，这时用右手定则判断出因惯性运转的转子切割磁感线而在转子绕组中产生感应电流的方向。这时转子绕组中有感应电流，又受到静止磁场的作用，产生电磁转矩，用左手定则受制动判断可知，此转矩的方向正好与电动机的转向相反，使电动机迅速停转。

能耗制动常用于 10kW 以下小容量电动机，且对制动要求不高的场合；线路简单，所用附加设备较少，成本低。

（2）线路构成。能耗制动的电气原理图如图 5-33 所示，其中单相桥式整流器 VC 提供直流电源；TC 是整流变压器；电阻 R 用来调节直流电流，从而调节制动强度。注意桥式整流器即本书"直流稳压电源制作"中的整流桥堆，但这里用的桥式整流器额定电流较大，其外形一般如图 5-34 所示。

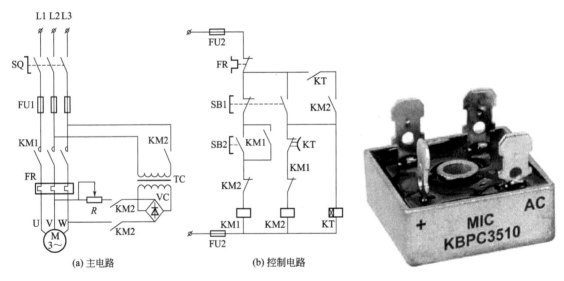

图 5-33　能耗制动的电气原理图　　　　图 5-34　桥式整流器

（3）电路工作原理。如图 5-33 所示，能耗制动的工作原理如下。

主回路：合上 QS→主电路和控制线路接通电源→变压器需经 KM2 的主触头接入电源（原边）和定子线圈（副边）

控制回路：

①启动：按下 SB2→KM1 得电→电动机正常运行。

②能耗制动：按下 SB1→KM1 失电→电动机脱离三相电源，KM1 常闭触头复原→KM2 得电并自锁，（通电延时）时间继电器 KT 得电，KT 瞬动常开触点闭合。

→KM2 主触头闭合→电动机进入能耗制动状态→电动机转速下降→KT 整定时间到→KT 延时断开常闭触点断开→KM2 线圈失电→能耗制动结束。

（4）能耗制动直流电源的选择。

①用万用表测量电动机定子绕组任意两相之间电阻 R。

②测量电动机进线空载电流 I_0。

③直流电流 $I_L = KI_0$，所需直流电压 $U_L = I_L R$，$K =$（$3.5 \sim 4$）。

④单相桥式整流电源变压器二次侧绕组电压和电流分别是：

$$U_2 = \frac{U_L}{0.9}$$

$$I_2 = \frac{I_L}{0.9}$$

⑤变压器容量：$U_S = U_2 I_2$。

可调电阻 $R \approx 2\Omega$，电阻功率 $P_R = I_L{}^2 R$。

3. 电容制动

电容制动是指当电动机切断电源后，通过立即在电动机定子绕组的出线端接入电容器迫使电动机迅速停转的方法。

当旋转着的电动机断开交流电源时，转子内仍有剩磁，随着转子的惯性转动，有个随着转子转动的旋转磁场，这个磁场切割定子绕组产生感生电动势，并通过电容器回路形成感生电流，该电流产生的磁场于转子绕组中感生电流互相作用，产生一个制动力矩，使得电动机受制动停转。电容制动电气原理如图 5-35 所示，请自行分析电容制动控制电路工作原理。

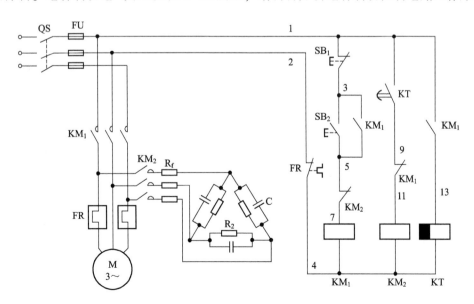

图 5-35　电容制动控制电路

任务实施

一、项目任务

画出图 5-36 所示电气原理图的接线图，完成后搭建电路并检查调试。

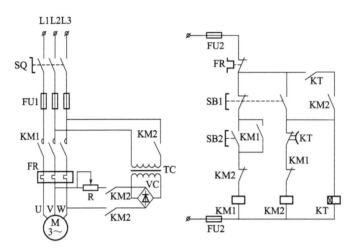

图 5-36　电气原理图

二、分析电气原理图

读懂电路后，绘制电气接线图（先绘散线法，依次再绘线束法、相对编号法），绘制方法为：标线号—画元器件布置图—画元器件—按线号连线—检查核对。

三、根据接线图装接电路

大致顺序为：挂元器件—主电路线缆标号—主电路接线—控制电路线缆标号—控制电路接线—检查核对。

四、万用表检查电路

（1）主电路的检查（将万用表打到 R×1 档或数字表的 200Ω 档，一般情况下，主电路检查时均应位于此档）。将表笔放在 U1、V1 之间，人为使 KM1 吸合，此时万用表的读数应为电动机两绕组的串联电阻值（设电动机为 Y 形接法），正常后再使 KM2 吸合，读数大致不变。完成上述之后，再将表笔放在 U1、W1 和 W1、V1 之间，重复上述工作。整个过程中，若发现电阻为零或无穷大，则说明电路有错误，应检查整改。

（2）控制电路的检查。注意：此时应拆掉变压器接线，否则不能正确判断电路故障。

放置好表笔后，未按任何按钮时读数应为无穷大；按下 SB2，读数应为 KM1 和 KM2 线圈的电阻并联值；人工吸合 KM1，读数应为 KM1 线圈的电阻；人工吸合 KM2，读数应为无穷大，因为此时电路不通，继续按下 SB2，读数应为 KM2 线圈的电阻。

五、经过上述检查正确后，在老师监护下通电试车。

（1）合上 SQ，即接通电路电源。

（2）按启动按钮 SB2，则电动机运转。

（3）按停止按钮 SB1，则电动机迅速停止。

（4）调整可调电阻 R 的大小，观察制动效果。

（5）调整时间继电器 KT 的实践，观察制动效果。

课后练习

书面作业

1. 为什么要进行电动机断电后的制动？制动方法有哪些？

2. 电磁抱闸制动如何分类？纺织常用哪种电器来实现机械制动？

3. 电气制动原理是什么？如何分类？

4. 能耗制动控制电路的工作原理是什么？

实践作业

找出实习工厂织机所用电磁制动器的位置，探究其工作原理，并上网搜索其规格参数。

项目六　利用 PLC 控制三相异步电动机

任务一　认识 PLC（搭建一个系统）

任务背景

接触器可以实现一些简单的控制，当一台纺织设备拥有多台电动机，彼此间需要协调运作，而且还有很多行程开关、光电开关、传感器，以实现设备的各种运动方式转变、自停、变速等功能时，如仍采用接触器或继电器，系统将变得非常复杂，而且改变生产程序涉及线路变化，这在使用中是非常困难且低效的。目前，包括纺织设备在内的工业设备普遍采用 PLC 作为控制器，它内部可以编写程序，实现复杂的控制功能，一方面使得系统电路非常简化，另一方面，PLC 程序的改写和修改非常方便。

具体任务

根据电气图，搭建一个简单的基于 PLC 的控制系统。

理论内容与要求

1. 了解 PLC 的概念、种类和用途。
2. 能识读 PLC 电气接线图。
3. 能为 PLC 接线。
4. 能正确使用 PLC。

用具器材

S7-200PLC1 只，按钮 3~5 只，接触器 3~5 只，指示灯 3~5 只，电工工具 1 套。

知识准备

一、PLC 的由来

随着微处理器、计算机和数字通信技术的飞速发展，计算机控制已扩展到了几乎所有的控制领域。现代社会要求制造业对市场需求作出迅速的反应，生产出小批量、多品种、多规格、低成本和高质量的产品。为了满足这一要求，生产设备的控制系统必须具有极高的灵活性和可靠性，可编程序控制器正是顺应这一要求出现的。

20 世纪 60 年代末，随着市场的转变，工业生产开始由大批量少品种的生产转变为小批量多品种的生产方式，而当时这类大规模生产线的控制装置大都是由继电控制盘构成的，这种控制装置体积大、耗电多、可靠性低，尤其是改变生产程序很困难。为了改变这种状况，1968 年美国通用汽车公司对外公开招标，要求用新的控制装置取代继电控制盘以改善生产，公司提出了如下 10 项招标指标。

（1）编程方便，现场可修改程序。

（2）维修方便，采用插件式结构。

（3）可靠性高于继电控制盘。

（4）体积小于继电控制盘。

（5）数据可直接送入管理计算机。

（6）成本可与继电控制盘竞争。

（7）输入可为市电。

（8）输出可为市电，输出电流在 2A 以上，可直接驱动电磁阀、接触器等。

（9）系统扩展时原系统变更很少。

（10）用户程序存储器容量大于 4kB。

针对上述 10 项指标，美国的数字设备公司（DEC）于 1969 年研制出了第一台可编程控制器，投入通用汽车公司的生产线中，实现了生产的自动化控制，取得了极满意的效果。此后，1971 年日本开始生产可编程控制器，1973 年欧洲开始生产可编程控制器。这一时期，它主要用于取代继电器控制，只能进行逻辑运算，故称为可编程逻辑控制器（Programmable Logical Controller）简称 PLC。

20 世纪 70 年代后期，随着微电子技术和计算机技术的迅速发展，可编程逻辑控制器更多地具有了计算机的功能，不仅用于逻辑控制场合，用来代替继电控制盘，而且还可以用于定位控制、过程控制、PID 控制等所有控制领域，故可称为可编程控制器。但为了与 PC 相区别，通常人们仍习惯用 PLC 作为可编程控制器的简称。

二、PLC 的定义与特点（二维码 6-1）

（一）PLC 的定义

国际电工委员会（IEC）在 1987 年 2 月颁布了 PLC 的标准草案（第三稿），草案对 PLC 作了如下定义："可编程序控制器是一种数字运算操作的电

6-1　认识 PLC

子装置，专为在工业环境下应用而设计。它采用可编程序的存储器，用来在其内存储执行逻辑运算、顺序控制、定时、计数和算术运算等操作的指令，并能通过数字式或模拟式的输入和输出控制各种类型的机械或生产过程。可编程序控制器及其有关的外围设备都应按易于与工业控制系统连成一个整体，便于扩充其功能的原则设计"。

由以上定义可知，可编程控制器是一种数字运算操作的电子装置，是直接应用于工业环境，用程序来改变控制功能，易于与工业控制系统连成一体的工业计算机。

（二）可编程控制器的特点

PLC 之所以能够迅速发展，除了它顺应了工业自动化的客观要求之外，更重要的一方面是由于它具有许多适合工业控制的优点，较好地解决了工业控制领域中普遍关心的可靠、安全、灵活、方便、经济等问题。它具有以下几个显著的特点。

1. 编程方法简单易学

梯形图是使用的最多的 PLC 编程语言，其电路符号和表达方式与继电器电路原理图相似。梯形图语言形象直观，易学易懂。

梯形图语言实际上是一种面向用户的高级语言，PLC 在执行梯形图程序时，用解释程序将它"翻译"成汇编语言后再去执行。

2. 功能强，性能价格比高

一台小型 PLC 内有成百上千个可供用户使用的编程元件，有很强的功能，可以实现非常复杂的控制功能。与相同功能的继电器系统相比，其有很高的性能价格比，PLC 可以联网，实现分散控制，集中管理。

3. 硬件配套齐全，用户使用方便，适应性强

PLC 产品已经标准化、系列化、模块化，配备有品种齐全的各种硬件装置供用户选用，用户能灵活方便地进行系统配置，组成不同功能、不同规模的系统。PLC 的安装接线也很方便，一般用接线端子连接外部接线。PLC 有较强的带负载能力，可以直接驱动一般的电磁阀和小型交流接触器。硬件配置确定后，可以通过修改用户程序，方便快速地适应工艺条件的变化。

4. 可靠性高，抗干扰能力强

传统的继电器控制系统使用了大量的中间继电器、时间继电器。由于触点接触不良，容易出现故障。PLC 用软件代替大量的中间继电器和时间继电器，仅剩下与输入和输出有关的少量硬件元件，接线可减少到继电器控制系统的 $1/10 \sim 1/100$，因触点接触不良造成的故障大为减少。

PLC 采取了一系列硬件和软件抗干扰措施，具有很强的抗干扰能力，平均无故障时间达到数百小时以上，可以直接用于有强烈干扰的工业生产现场。PLC 已被广大用户公认为最可靠的工业控制设备之一。

5. 系统的设计、安装、调试工作量少

PLC 用软件功能取代了继电器控制系统中大量的中间继电器、时间继电器、计数器等器件，使控制柜的设计、安装、接线工作量大大碱少。

PLC 的梯形图程序一般采用顺序控制设计法来设计。这种编程方法很有规律，很容易掌握。对于复杂的控制系统，设计梯形图的时间比设计相同功能的继电器系统电路图的时间要少得多。

PLC 的用户程序可以在实验室模拟调试，输入信号用小开关来模拟，通过 PLC 上的发光二极管可观察输出信号的状态。完成了系统的安装和接线后，在现场的统调过程中发现的问题一般通过修改程序就可以解决，系统的调试时间比继电器系统少得多。

6. 维修工作量小，维修方便

PLC 的故障率很低，且有完善的自诊断和显示功能。PLC 或外部的输入装置和执行机构发生故障时，可以根据 PLC 上的发光二极管或编程器提供的信息迅速地查明故障的原因，用更换模块的方法可以迅速地排除故障。

7. 体积小，能耗低

对于复杂的控制系统，使用 PLC 后，可以减少大量的中间继电器和时间继电器，小型 PLC 的体积仅相当于几个继电器的大小，因此可将开关柜的体积缩小到原来的 1/2~1/10。

PLC 的配线比继电器控制系统的配线少得多，故可以省下大量的配线和附件，减少大量的安装接线工时，加上开关柜体积的缩小，可以节省大量的费用。

三、PLC 的分类

PLC 发展到今天，已经有多种形式，而且功能也不尽相同，一般按以下原则来考虑分类。

（一）按输入、输出点数分

根据 PLC 的输入/输出（I/O）点数的多少，一般可将 PLC 分为以下三类。

1. 小型机

小型 PLC 的功能一般以开关量控制为主，小型 PLC 的 I/O 总点数一般在 256 点以下，用户程序存储器容量在 4kB 左右。现在的高性能小型 PLC 还具有一定的通信能力和少量的模拟量处理能力。这类 PLC 的特点是价格低廉，体积小巧，适合于控制单台设备和开发机电一体化产品。

典型的小型机有 SIEMENS 公司的 S7-200 系列、OMRON 公司的 CPM2A 系列、AB 公司的 SLC500 系列和 MITSUBISH 公司的 FX 系列等整体式 PLC 产品。

2. 中型机

中型 PLC 的 I/O 总点数为 256~2048 点，用户程序存储器容量达到 8kB 左右。中型 PLC 不仅其有开关量和模拟量的控制功能，还具有更强的数字计算能力，它的通信功能和模拟量处理能力更强大。中型机的指令比小型机更丰富，中型机适用于复杂的逻辑控制系统以及连续生产线的过程控制场合。

典型的中型机有 SIEMENS 公司的 S7-300 系列、OMRON 公司的 C200H 系列、AB 公司的 SLC500 系列和 MITSUBISH 公司的 A 系列等模块式 PLC 产品。

3. 大型机

大型 PLC 的 I/O 总点数在 2048 点以上，用户程序存储器容量达到 16kB 以上。大型

PLC 的性能已经与工业控制计算机相当，它具有计算、控制和调节的功能，还具有强大的网络结构和通信联网能力，有些 PLC 还具有冗余能力。它的监视系统采用 CRT 显示，能够表示过程的动态流程，记录各种曲线，PID 调节参数等，它配备多种智能板，构成一台多功能系统。

大型机适用于设备自动化控制、过程自动化控制和过程监控系统。典型的大型 PLC 有 SIEMENS 公司的 S7-400、OMRON 公司的 CVMI 和 CS1 系列及 MITSUBISH 公司的 Q 系列等产品。

以上划分没有一个十分严格的界限，随着 PLC 技术的飞速发展，某些小型 PLC 具有中型或大型 PLC 的功能，这是 PLC 的发展趋势。

（二）按结构形式分

根据 PLC 结构形式的不同，可分为整体式和模块式两类。

1. 整体式

整体式结构的特点是将 PLC 的基本部件，如 CPU 板、输入板、输出板、电源板等紧凑地安装在一个标准机壳内，构成一个整体，组成 PLC 的一个基本单元（主机）或扩展单元。基本单元上设有扩展接口，通过扩展电缆与扩展单元相连。整体式 PLC 一般配有许多专用的特殊功能模块，如模拟量 I/O 模块、热电偶/热电阻模块、通信模块等，以构成 PLC 的不同配置。整体式 PLC 的体积小、成本低、安装方便。

2. 模块式

模块式结构的 PLC 是由一些标准模块单元构成，这些模块如 CPU 模块、输入模块、输出模块、电源模块和各种功能模块等，将这些模块插在框架上或基板上即可。各模块是独立的，外形尺寸是统一的，可根据需要灵活配置。目前，中型、大型 PLC 多采用这种结构形式。

模块式 PLC 的硬件组态方便灵活，I/O 点数的多少、输入点数与输出点数的比例、I/O 模块的使用等方面的选择余地都比整体式 PLC 大得多。因此，较复杂的系统和要求较高的系统一般选用模块式 PLC，而小型控制系统中，一般采用整体式结构的 PLC。

（三）按生产厂家分

我国有不少的厂家研制和生产过 PLC，但是还没有出现有影响力和较大市场占有率的产品，目前我国使用的国外品牌 PLC 较多。在全世界有上百家 PLC 制造厂商，有几家举足轻重的厂商，它们是美国 Rockwell 自动化公司所属的 A-B（Allen&Bradly）公司、GE-Fanuc 公司，德国的西门子（SIEMENS）公司和法国的施耐德（SCHNEIDER）自动化公司，日本的欧姆龙（OMRON）和三菱公司等。这几家公司控制着全世界 80% 以上的 PLC 市场，它们的系列产品有其技术广度和深度，从微型 PLC 到有上万个 I/O 点的大型 PLC 应有尽有。

四、PLC 的应用领域

目前，可编程控制器在国内外已广泛应用于钢铁、石油、化工、电力、建材、机械制造、汽车、轻纺、交通运输、环保等各行各业。随着其性能价格比的不断提高，其应用范围正不断扩大，其用途大致有以下几个方面。

1. 开关量逻辑控制

这是 PLC 最基本、最广泛的应用领域。PLC 具有"与""或""非"等逻辑指令，可以实现触点和电路的串联、并联，代替继电器进行组合逻辑控制、定时控制与顺序逻辑控制。开关量逻辑控制可以用于单台设备，也可以用于自动生产线，其应用领域已遍及各行各业。

2. 运动控制

PLC 使用专用的指令或运动控制模块，对直线运动或圆周运动进行控制，可实现单轴、双轴、三轴和多轴位置控制，使运动控制与顺序控制功能有机地结合在一起。PLC 的运动控制功能广泛地用于各种机械，如纺织上的抓棉机、粗纱机，工业上的金属切削机床、金属成形机械、装配机械、机器人、电梯等。

3. 过程控制

过程控制是指对温度、压力、流量等连续变化的模拟量的闭环控制。PLC 通过模拟量 I/O 模块，实现模拟量（Analog）和数字量（Digital）之间的 A/D 与 D/A 转换，并对模拟量实行闭环 PID（比例—积分—微分）控制。现代的 PLC 一般都有 PID 闭环控制功能，这一功能可以用 PID 功能指令或专用的 PID 模块来实现。其 PID 闭环控制功能已经广泛地应用于塑料挤压成型、加热炉、热处理炉、锅炉等设备，以及轻工、化工、机械、冶金、电力、建材等行业。

4. 数据处理

现代的 PLC 具有数学运算（包括四则运算、矩阵运算、函数运算、字逻辑运算、求反、循环、移位和浮点数运算）、数据传送、转换、排序和查表、位操作等功能，可以完成数据的采集、分析和处理。这些数据可以与储存在存储器中的参考值比较，也可以用通信功能传送到别的智能装置，或者将它们打印到制表。

5. 通信联网

PLC 的通信包括主机与远程 I/O 之间的通信、多台 PLC 之间的通信、PLC 与其他智能控制设备（如计算机、变频器、数控装置）之间的通信。PLC 与其他智能控制设备一起，可以组成"分散控制、集中管理"的分布式控制系统，以满足工厂自动化系统的发展需要。

需要指出的是，并不是所有的 PLC 都有上述全部功能，有些小型 PLC 只有上述的部分功能。

五、PLC 的技术性能指标

PLC 的技术性能指标有一般指标和技术指标两种。一般指标主要指 PLC 的结构和功能情况，是用户选用 PLC 时必须了解的，而技术指标可分为一般的性能规格和具体的性能规格。

一般性能规格是指使用 PLC 时应注意的问题，主要包括电源电压、允许电压波动范围、直流输出电压、绝缘电阻、耐压情况、抗噪声性能、耐机械振动及冲击情况、使用环境温度和湿度、接地要求、外形尺寸、质量等。

具体性能规格是指 PLC 所具有的技术能力，如果只是一般地了解 PLC 的性能，了解如下的基本技术性能指标即可。

1. I/O 点数

I/O 点数是指 PLC 外部 I/O 端子的总数,这是非常重要的一项技术指标。如 FX 系列的 I/O 点数最多为 256。

2. 扫描速度

一般指执行一步指令的时间,单位是 μs/步。有时也以执行 1000 步指令的时间计,单位为 ms/千步,通常为 10ms;小型 PLC 的扫描时间可能大于 40ms。

3. 内存容量

一般小型机的存储容量为 1kB 到几千字节,大型机则为几十千字节,甚至 1~2MB,通常以 PLC 所能存放用户程序的多少来衡量。PLC 中,程序指令是按"步"存放的,而一条指令往往不止一步。一步占用一个地址单元,一个地址单元一般占用 2B。

4. 指令系统

PLC 指令的多少是衡量其软件功能强弱的主要指标。PLC 具有的指令种类越多,它的软件功能则越强。

5. 内部寄存器

PLC 内部有许多寄存器用以存放变量状态、中间结果和数据等,还有许多辅助寄存器给用户提供特殊功能,以简化程序设计。因此,寄存器的配置情况是衡量 PLC 硬件功能的一个指标。

6. 特殊功能模块

PLC 除了具备实现基本控制功能的主控模块外,还可配置各种特殊功能模块,以实现一些专门功能。目前,各生产厂家提供的特殊功能模块种类越来越多,功能越来越强,成为衡量 PLC 产品水平高低的一个重要标志。常用的特殊功能模块有 A/D 模块、D/A 模块、高速计数模块、位置控制模块、定位模块、温度控制模块、远程通信模块、高级语言编程以及各种物理量转换模块等。这些特殊功能模块使 PLC 不但能进行开关量顺序控制,而且能进行模拟量控制、定位控制和速度控制,还可以和计算机通信,直接用高级语言编程,从而为用户提供了强有力的工具。

S7-200 系列 PLC 的技术指标见表 6-1。

表 6-1 S7-200 系列 PLC 的技术指标

特性		CPU 221	CPU 222	CPU 224	CPU224XP CPU 224XPsi	CPU 226
外形尺寸(mm)		90×80×62	90×80×62	120.5×80×62	140×80×62	190×80×62
程序存储器 容量(kB)	带运行模式下编辑	4	4	8	12	16
	不带运行模式下编辑	4	4	12	16	24
数据存储器容量(kB)		2	2	8	10	10
掉电保护时间(h)		50	50	100	100	100
本机 I/O	数字量	6 输入/4 输出	8 输入/6 输出	14 输入/10 输出	14 输入/10 输出	24 输入/16 输出
	模拟量	—	—	—	2 输入/1 输出	—

续表

特性		CPU 221	CPU 222	CPU 224	CPU224XP CPU 224XPsi	CPU 226
扩展模块数量		0 个模块	2 个模块	7 个模块	7 个模块	7 个模块
高速计数器	单相	4 路 30kHz	4 路 30kHz	6 路 30kHz	4 路 30kHz 2 路 200kHz	6 路 30kHz
	两相	2 路 20kHz	2 路 20kHz	4 路 20kHz	3 路 20kHz 1 路 100kHz	4 路 20kHz
脉冲输出（DC）		2 路 20kHz	2 路 20kHz	2 路 20kHz	2 路 100kHz	2 路 20kHz
模拟电位器		1	1	2	2	2
实时时钟		卡	卡	内置	内置	内置
通信口		1　S-485	1　S-485	1　S-485	2　RS-485	2　RS-485
浮点数运算		是				
数字 I/O 映像大小		256（128 输入/128 输出）				
布尔型执行速度		0.22ms/指令				

六、PLC 的硬件组成

下面以 SIEMENS 的 S7-200 系列为例介绍 PLC 的组成。

PLC 是由基本单元、扩展单元、扩展模块及特殊功能模块构成的。基本单元包括 CPU、存储器、I/O 单元和电源，是 PLC 的主要部分；扩展单元是扩展 I/O 点数的装置，内部有电源；扩展模块用于增加 I/O 点数和改变 I/O 点数的比例，内部无电源，由基本单元和扩展单元供电。扩展单元和扩展模块内无 CPU，必须与基本单元一起使用。特殊功能模块是一些特殊用途的装置，下面介绍其硬件的构成及作用。

PLC 硬件主要由中央处理单元、存储器、输入单元、输出单元、电源单元、编程器、扩展接口、编程器接口和存储器接口组成，其结构如图 6-1 所示。

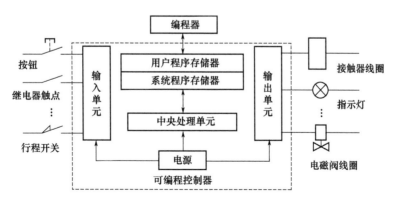

图 6-1　PLC 结构框图

1. 中央处理单元（CPU）

CPU 是整个 PLC 的运算和控制中心，它在系统程序的控制下，完成各种运算和协调系统内部各部分的工作等。主要采用微处理器（如 280A、8080、8086、80286、80386 等）、单片机（如 8031、8096 等）、位片式微处理器（如 AM2900、AM1902、AM2903 等）构成。PLC 的档次越高，CPU 的位数就越长，运算速度也越快。如三菱 FX2N 系列 PLC，大部分芯片都采用表面封装技术的芯片，其 CPU 板有两片超大规模集成电路（双 CPU），所以 FX2N 系列 PLC 在速度、集成度等方面都有明显的提高。

2. 存储器

存储器用于存放程序和数据。PLC 配有系统存储器和用户存储器，前者用于存放系统的各种管理监控程序；后者用于存放用户编制的程序。PLC 的用户程序和参数的存储器有 RAM、EPROM 和 EEPROM 三种类型。RAM 一般由 CMOSRAM 构成，采用锂电池作为后备电源，停电后 RAM 中的数据可以保存 1~5 年。为了防止偶然操作失误而损坏程序，还可采用 EPROM 或 EEPROM，在程序调试完成后就加以固化。EPROM 的缺点是写入时必须用专用的写入器，擦除时要用专用的擦除器。EEPROM 采用电可擦除的只读存储器，它不仅具有其他程序存储器的性能，还可以在线改写，而且不需要专门的写入和擦除设备。

3. I/O 单元

I/O 单元是 PLC 与生产设备连接的接口。如果将 PLC 看作一个"黑箱"的话，那么 I/O 单元就是其输入输出口。CPU 所能处理的信号只能是标准电平，因此，现场的输入信号，如按钮开关、行程开关、限位开关以及传感器输出的开关量或模拟量信号，需要通过输入单元的转换和处理才可以传送给 CPU。CPU 的输出信号，也只有通过输出单元的转换和处理，才能够驱动电磁阀、接触器、继电器、电动机等执行机构。

（1）输入接口电路。PLC 以开关量顺序控制为特长，其输入电路基本相同，通常分为直流输入方式、交流输入方式和交直流输入方式三种类型。外部输入元件可以是无源触点或有源传感器。输入电路包括光电隔离和 RC 滤波器，用于消除输入触点抖动和外部噪声干扰。图 6-2 是直流输入方式的电路图，其中 LED 为相应输入端在面板上的指示灯，用于表示外部输入的 ON/OFF 状态（LED 亮表示 ON）。输入信号接通时，输入电流一般小于 10mA，响应滞后时间一般都小于 20ms。

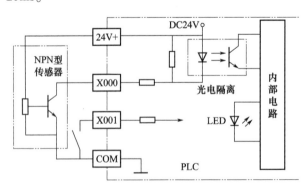

图 6-2　直流输入方式的电路图

（2）输出接口电路。PLC 的输出电路有继电器输出、晶体管输出、晶闸管输出三种形式，如图 6-3 所示。图 6-3（a）为继电器输出型，CPU 控制继电器线圈的通电或失电，其接点相应闭合或断开，接点再控制外部负载电路的通断。显然，继电器输出型 PLC 是利用继电器线圈和触点之间的电气隔离，将内部电路与外部电路进行了隔离。图 6-3（b）为晶体管输出型，晶体管输出型通过使晶体管截止或饱和控制外部负载电路，晶体管输出型是存 PLC 的内部电路与输出晶体管之间用光耦合器进行隔离。图 6-3（c）为晶闸管输出型，晶闸管输出型通过使晶闸管导通或关断控制外部电路，晶闸管输出型是在 PLC 的内部电路与输出元件（三端双向晶闸管开关元件）之间用光电晶闸管进行隔离。

在三种输出形式中，以继电器输出型最为常用，但响应时间最长。以 FX 系列 PLC 为例，从继电器线圈通电或断电到输出触点变为 ON 或 OFF 的响应时间均为 10ms。其输出电流最大，在 AC 250V 以下时可驱动的负载为纯电阻 2A/点、感性负载 80VA、灯负载 100W。

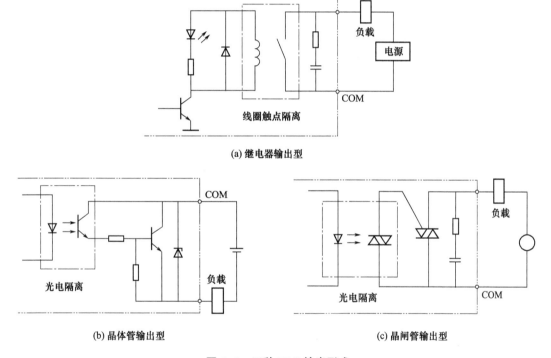

(a) 继电器输出型

(b) 晶体管输出型   (c) 晶闸管输出型

图 6-3 三种 PLC 输出形式

4. 电源单元

PLC 的供电电源一般是市电，有的也用 DC 24V 电源供电。PLC 对电源稳定性要求不高，一般允许电源电压在 -15%～+10% 之间波动。PLC 内部含有一个稳压电源用于对 CPU 和 I/O 单元供电，小型 PLC 的电源往往和 CPU 单元合为一体，大中型 PLC 都有专门的电源单元。有些 PLC 还有 DC 24V 输出，用于对外部传感器供电，但输出电流往往只是毫安级。

5. 编程器

编程器最少包括键盘和显示器两部分，用于对用户程序进行输入、读出、检验、修改。PLC 正常运行时，通常并不使用编程器。常用的编程器类型主要有以下几种。

（1）便携式编程器，也叫手持式编程器，用按键输入指令，大多采用数码管显示器，具有体积小、易携带的特点，适合小型 PLC 的编程要求。

（2）图形编程器，又称智能编程器，采用液晶显示器或阴极射线管（CRT）显示程序，可在调试程序时显示各种信号状态和出错提示等，还可与打印机、绘图仪、录音机等设备连接，具有较强的功能，对于习惯用梯形图编程的人员来说，这种编程器尤为适合。

（3）基于个人计算机的编程软件，即在个人计算机上安装专用的编程软件，可以编制梯形图、语句等形式的用户程序。

6. 扩展接口与模块（图 6-4）

扩展接口是用于扩展的单元的，它使可编程控制器的点数规模配置更为灵活。这种扩展接口实际上为总线形式，可以配接开关量 I/O 单元，也可配置如模拟量、高速脉冲等单元以及通信适配器等。在大型机中，扩展接口为插槽扩展基板的形式。

图 6-4　PLC 扩展接口及模块

7. 编程器接口

可编程控制器本体上通常是不带编程器的。为了能对可编程控制器编程及监控，可编程控制器上专门设置有编程器接口，通过这个接口可以接各种形式的编程装置，还可以利用此接口做一些监控的工作。

8. 存储器接口

为了存储用户程序以及扩展用户程序存储区、数据参数存储区，可编程控制器上还设有存储器扩展口，可以根据使用的需要扩展存储器，其内部也是接到总线上的。

任务实施

一、项目任务（二维码6-2）

根据电气图，搭建一个简单的基于PLC的控制系统，并通过任务掌握以下知识。

6-2 学习使用

（1）了解PLC的硬件组成及各部分的功能。

（2）掌握PLC输入和输出端子的分布。

二、实训器材

（1）可编程控制器1台（S7-200 CPU226）。

（2）AC220V交流接触器3个。

（3）AC220V信号灯3个（红、绿、蓝各一只）。

（4）热继电器1个。

（5）按钮开关3个（其中常开2个）。

（6）行程开关2个。

（7）接近开关1个。

（8）电工常用工具1套。

（9）连接导线若干。

三、实训指导

S7-200系列PLC的外部特征基本相似，如图6-5所示。它们一般都有外部端子部分、指示部分及接口部分，其各部分的组成及功能如下。

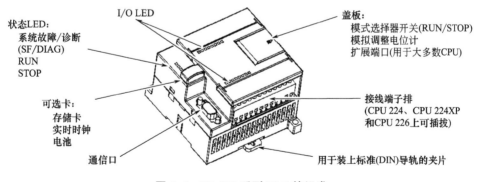

图6-5 S7-200系列PLC的组成

1. 状态LED与模式选择器开关

主要用于指示PLC目前的状态。S7-200系列PLC有两种操作模式：STOP模式和RUN模式。STOP模式下，S7-200系列PLC不执行程序，此时可以下载程序。在RUN模式下，S7-200系列PLC将运行程序。S7-200系列PLC提供一个模式选择器开关来改变操作模式。可使用模式开关（位于 S7-200 系列 PLC 前检修门的下面）手动选择操作模式：将模式开关设为 STOP 模式停止程序执行；将模式开关设为 RUN 模式启动程序执行；将模式开关设为 TERM（终端）模式不更改操作模式。

如果模式开关打在 STOP 或者 TERM 模式，且电源状态发生变化，则当电源恢复时，CPU 会自动进入 STOP 模式。如果模式开关打在 RUN 模式，且电源状态发生变化，则当电源恢复时，CPU 会进入 RUN 模式。

2. 可选卡

可选卡主要有存储卡、电池和实时时钟。

存储卡主要是便携式的 EEPROM，可以存储用户程序、数据和 CPU 组态，可以将其理解为日常用的 U 盘。

通过电池可提供长时间后备：可将存储时间提高到 200 天。无电池模块时，用户数据（如存储器位状态、数据块、定时器和计数器）通过内部的超级电容进行保护，大约 5 天。可以永久保存用户程序（免维护）。电池模块插入存储器子模块插槽中。

实时时钟在 S7-200 系列 PLC 中，部分是内置的，部分是外插的。如 CPU221、CPU222 没有内置的实时时钟，需要外插"时钟/电池卡"才能获得此功能。CPU224、CPU226 和 CPU226XM 都有内置的实时时钟。所以，本任务中用 CPU226 是不需要再外插实时时钟的，只需要通过命令读取内部时间即可。

3. I/O LED 与接线端子排

I/O LED 主要用于各 I/O 点的状态指示，如对应的 I/O 单元是否有输入或输出。接线端子排是 I/O 单元的物理接线处，它可以拆卸下来。接线时首先判断信号输入方式和输出形式，且务必按照说明书或电路图接线，否则会引起 PLC 的永久性损坏。附录给出了 S7-200 CPU226 型 PLC 的输入输出技术指标，请详细阅读。

4. 扩展端口

扩展端口如上所述，用于扩展 PLC，实现更强大的功能。

5. 模拟调整电位计

模拟调整电位计就是一块电位器，与之前学习过的电位器一样。它在 PLC 中的功能是，能提供可调的 0~255 之间的数字值，比如 PLC 内部有定时器，通过模拟调整电位计就可以设定定时时间。

四、实训内容

（1）阅读附录中的说明书，理解其各种技术指标。

（2）按图 6-6 连接好各种输入设备。

（3）接通 PLC 的电源，观察 PLC 的各种

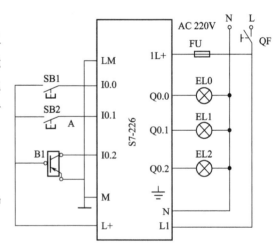

图 6-6　S7-200 系列 PLC 输入与输出接线

指示是否正常。

（4）分别接通各个输入信号，观察 PLC 的输入指示灯是否发亮。

（5）仔细观察 PLC 的输出端子的分组情况，明白同一组中的输出端子不能接入不同的电源。

（6）仔细观察 PLC 的各个接口，明白各接口所接的设备。

五、实训报告

（1）画出 PLC 的输出端子的分布图及其分组情况。

（2）分别写出 PLC 的 I/O 信号的种类。

（3）PLC 实训时应注意哪些事项？

课后练习

书面作业

1. PLC 的特点有哪些？

2. PLC 如何分类？

3. PLC 的硬件组成是怎样的？

4. PLC 的输出有哪几种方式？各有何特点？

实践作业

在实训教师带领下，到实习工厂调查每台纺织设备所用 PLC 的信号，并利用网络查找相关信息。

机器型号	PLC 型号	PLC 输入输出点数	PLC 品牌、生产国	PLC 类别（整体式、模块式）

任务二 利用 PLC 控制往复抓棉机

任务背景

PLC 相较继电器控制系统的优点，就是它可以通过编程实现复杂的电气控制。抓棉机是纺织中广泛使用的一种大型机械，它的作用是抓取原料，供下一机台继续加工。形象地讲，抓棉机就像一只抓手，将棉花抓起来，其具体的运动过程可简化为：抓棉小车的直行往复运动，抓棉器的升降运动。电控箱的功能也可简单归结为：控制直行电动机的正反转和其间的停止时间，控制升降电动机的升降时间和正反转。

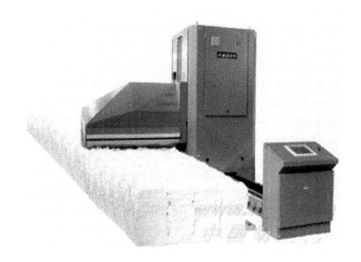

具体任务

根据电气图，搭建一个简单的抓棉机往复运动的电气控制系统。

理论内容与要求

1. 了解抓棉机的工作过程与控制原理。

2. 能为 PLC 接线。

3. 能输入和烧写 PLC 程序。

4. 能根据电气接线图进行接线。

用具器材

S7-200 PLC 1 只、按钮 3~5 只、接触器 3~5 只、指示灯 3~5 只、电工工具 1 套、电脑 1 台。

知识准备

一、PLC 的软元件

PLC 内部有许多具有不同功能的元件，实际上这些元件是由电子电路和存储器组成的。例如，输入继电器 X 是由输入电路和输入映像寄存器组成；输出继电器 Y 是由输出电路和输出映像寄存器组成；定时器 T、计数器 C、辅助继电器 M、状态继电器 S、数据寄存器 D、变址寄存器 V/Z 等都是由存储器组成的。为了把它们与通常的硬元件区分开，通常把这些元件称为软元件，是等效概念抽象模拟的元件，并非实际的物理元件。从工作过程看，只注重元件的功能，按元件的功能命名，如输入继电器 X、输出继电器 Y 等，而且每个元件都有确定的地址编号，这对编程十分重要。

需要特别指出的是，不同厂家、甚至同一厂家的不同型号的 PLC，其软元件的数量和种类都不一样。下面以三菱的 FX2N 系列 PLC 为蓝本，详细介绍其软元件。本任务实施时仍用西门子 S7-200 系列 PLC，但其原理相似，且三菱 PLC 的软元件概念非常易于理解。

1. 输入继电器

输入继电器与 PLC 的输入端子相连，是 PLC 接收外部开关信号的窗口，PLC 通过输入端子将外部信号的状态读入并存储在输入映像寄存器中。与输入端子连接的输入继电器是光电隔离的电子继电器，其线圈、常开接点、常闭接点与传统硬继电器表示方法一样。这些接点在 PLC 梯形图内可以自由使用。FX2N 系列 PLC 的输入继电器采用八进制地址编号，如 X000~X007，X010~X017；西门子 S7-200 系列 PLC 的则写成 I0.0~I0.7，I1.0~I1.7，I2.0~I2.7。

2. 输出继电器

输出继电器与 PLC 的输出端子相连，是 PLC 向外部负载发送信号的窗口。输出继电器用来将 PLC 的输出信号传送给输出单元，再由后者驱动外部负载。如图 6-7 梯形图中 Y0 的线圈"通电"，继电器型输出单元中对应的硬件继电器的常开触点闭合，使外部负载工作，输出单元中的每一个硬件继电器仅有一对硬的常开触点，但是在梯形图中，每个输出继电器的常开触点和常闭触点都可以多次使用。FX 系列 PLC 的输出继电器采用八进制地址编号，如 Y0~Y7，Y10~Y17……而在西门子 S7-200 系列 PLC 中，输出继电器编程符号写成 Q0.0~

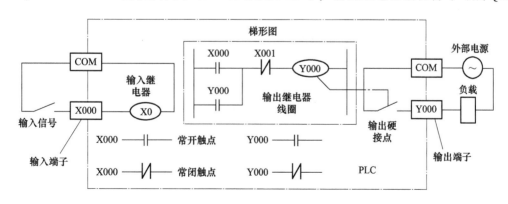

图 6-7　PLC 工作原理示意图

Q0.7，Q1.0~Q1.7……。

3. 辅助继电器 M

PLC 内部有很多辅助继电器，它是一种内部的状态标志，相当于继电器控制系统中的中间继电器。它的常开常闭接点在 PLC 的梯形图内可以无限次的自由使用，但是这些接点不能直接驱动外部负载，外部负载必须由输出继电器的外部硬接点来驱动。在逻辑运算中经常需要一些中间继电器作为辅助运算用，这些元件往往用作状态暂存、移位等运算。

4. 定时器 T

时间继电器是电路中控制动作时间的继电器，它是一种利用电磁原理或机械动作原理来实现触点延时接通或断开的控制电器。按其动作原理与构造的不同可分为电磁式、电动式、空气阻尼式和晶体管式等类型。

图 6-8 所示的空气阻尼式时间继电器是利用空气的阻尼作用获得延时的。此继电器结构简单，价格低廉，但是准确度低，延时误差大（±10%~±20%），因此在要求延时精度高的场合不宜采用。它的原理是：当线圈通电后，铁芯产生吸力，衔铁克服反力弹簧的阻力与铁芯吸合，带动推板立即动作，压合微动开关使其常闭触头断开，常开触头闭合，同时活塞杆在宝塔型弹簧的作用下向上移动，带动与活塞相连的橡皮膜向上运动，运动的速度受进气口进气速度的限制，活塞杆带动杠杆慢慢移动，经过一段时间活塞完成全部行程，压动微动开关完成延时动作。

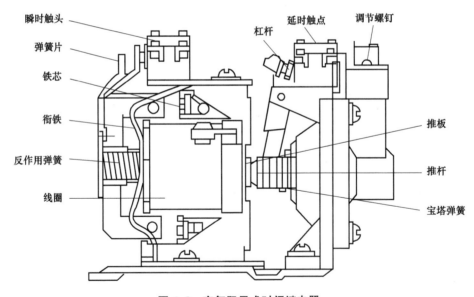

图 6-8　空气阻尼式时间继电器

时间继电器有通电延时和断电延时两种类型。通电延时型时间继电器的动作原理是：线圈通电时使触头延时动作，线圈断电时使触头瞬时复位。断电延时型时间继电器的动作原理是：线圈通电时使触头瞬时动作，线圈断电时使触头延时复位。时间继电器的图形符号如图 6-9 所示，字母代号为 KT。

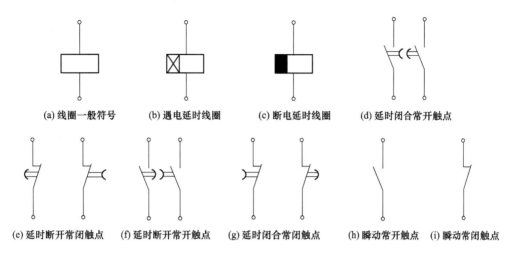

(a) 线圈一般符号　　(b) 遇电延时线圈　　(c) 断电延时线圈　　(d) 延时闭合常开触点

(e) 延时断开常闭触点　　(f) 延时断开常开触点　　(g) 延时闭合常闭触点　　(h) 瞬动常开触点　　(i) 瞬动常闭触点

图 6-9　时间继电器的图形符号

定时器在 PLC 中的作用相当于一个时间继电器，它有一个设定值寄存器（一个字长），一个当前值寄存器（一个字长）以及无限个接点（一个位）。对于每一个定时器，这 3 个量使用同一名称，但使用场合不一样，其所指也不一样。

5. 计数器

计数器用来累计其计数输入端脉冲电平由低到高的次数，CPU 提供加计数器、减计数器和加减计数器。计数器的当前值为 16 位有负号整数，用来存放累计的脉冲数（1~32767）。当加计数器的当前值大于等于设定值时，计数器位被置为 1，用计数器地址（C 和计数器号，例如 C20）来存取当前值和计数器位，带位操作数的指令存取计数器位，带字操作数的指令存取当前值。

计数器最高计数频率受两个因素限制。一是各个输入端的响应速度，主要是受硬件的限制；二是全部高速计数器的处理时间，这是高速计数器计数频率受限制的主要因素。因为高速计数器操作是采用中断方式，故计数器用得越少，则可计数频率就高。如果某些计数器用比较低的频率计数，则其他计数器可用较高的频率计数。

6. 数据寄存器 D

FX 系列 PLC 的数据寄存器在模拟量检测与控制以及位置控制等场合用来储存数据和参数，数据寄存器可储存 16 位二进制数或一个字，两个数据寄存器合并起来可以存放 32 位数据（双字）。在 D0 和 D1 组成的双字中，D0 存放低 16 位，D1 存放高 16 位。字或双字的最高位为负号位，该位为 0 时数据为正，为 1 时数据为负。

二、PLC 的工作原理

（一）PLC 的工作方式

PLC 的工作方式：采用循环扫描方式（图 6-10），在 PLC 处于运行状态时，从内部处理、通信操作、程序输入、程序执行、程序输出，一直循环扫描工作。

由于 PLC 是扫描工作过程，在程序执行阶段即使输入发生了变化，输入状态映像寄存器的内容也不会变化，要等到下一周期的输入处理阶段才能改变。循环扫描过程如下。

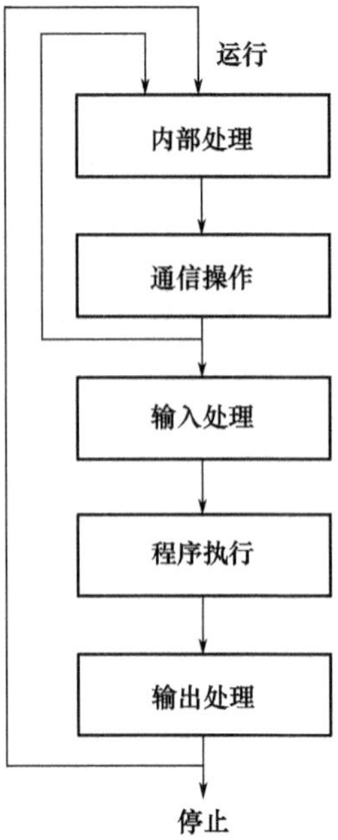

（二）工作过程

PLC 工作过程主要分为内部处理、通信操作、输入处理、程序执行、输出处理几个阶段。

1. 内部处理阶段

在此阶段，PLC 检查 CPU 模块的硬件是否正常，复位监视定时器，以及完成一些其他内部工作。

2. 通信服务阶段

在此阶段，PLC 与一些智能模块通信、响应编程器键入的命令，更新编程器的显示内容等，当 PLC 处于停止状态时，只进行内容处理和通信操作等内容。

3. 输入处理

输入处理也叫输入采样。在此阶段顺序读入所有输入端子的通断状态，并将读入的信息存入内存中所对应的映像寄存器。在此输入映像寄存器被刷新，接着进入程序的执行阶段。

图 6-10 PLC 工作循环方式

4. 程序执行

根据 PLC 梯形图程序扫描原则，按先左后右，先上后下的顺序，逐句扫描，执行程序。但遇到程序跳转指令，则根据跳转条件是否满足来决定程序的跳转地址。若用户程序涉及输入输出状态时，PLC 从输入映像寄存器中读出上一阶段采入的对应输入端子状态，从输出映像寄存器读出对应映像寄存器的当前状态。根据用户程序进行逻辑运算，运算结果再存入有关器件寄存器中。

5. 输出处理

程序执行完毕后，将输出映像寄存器，即元件映像寄存器中的 Y 寄存器的状态，在输出处理阶段转存到输出锁存器，通过隔离电路驱动功率放大电路，使输出端子向外界输出控制信号，驱动外部负载。

（三）PLC 的运行方式

PLC 的运行方式有运行工作模式和停止工作模式。

1. 运行工作模式

当处于运行工作模式时，PLC 要进行从内部处理、通信服务、输入处理、程序处理、输出处理，然后按上述过程循环扫描工作。

在运行工作模式下，PLC 通过反复执行反映控制要求的用户程序来实现控制功能，为了使 PLC 的输出及时地响应随时可能变化的输入信号，用户程序不是只执行一次，而是不断地重复执行，直至 PLC 停机或切换到 STOP 工作模式。PLC 的这种周而复始的循环工作方式称为扫描工作方式。

2. 停止工作模式

当处于停止工作模式时，PLC 只进行内部处理和通信服务等内容。

三、PLC 的程序

PLC 的程序可用很多种语言编写，如梯形图、指令表、顺序功能图、状态转移图、逻辑功能图等，甚至高级语言都可以用来对 PLC 进行编程。

梯形图编程语言习惯上叫梯形图。梯形图沿袭了继电器控制电路的形式，也可以说，梯形图编程语言是在电气控制系统中常用的继电器、接触器逻辑控制基础上简化了符号演变而来的，具有形象、直观、实用的特点，电气技术人员容易接受，是目前用得最多的一种 PLC 编程语言。下面通过两个例子简单说明这种语言的应用。

（一）电动机的启保停电路

1. 控制要求

按下启动按钮 SB1，电动机启动运行；按下停止按钮 SB2，电动机停止运行。

2. 输入/输出（I/O）分配

X0：SB1，X1：SB2（常开），Y0：电动机（接触器）。

3. 梯形图方案设计

启保停电路是梯形图中最典型的基本电路，它包含了如下几个因素。

（1）输出线圈。每一个梯形图逻辑行都必须针对输出线圈，本例为输出线圈 Y0。

（2）线圈得电的条件。梯形图逻辑行中除了线圈外，还有触点的组合，即线圈得电的条件，也就是使线圈置 1 的条件，本例为启动按钮 X0 为 ON。

（3）线圈保持输出的条件。触点组合中使线圈得以保持的条件，本例为与 X0 并联的 Y0 自锁触点闭合。

（4）线圈失电的条件。即触点组合中使线圈由 ON 变为 OFF 的条件，本例为 X1 常闭触点断开。

因此，根据控制要求，其梯形图为：启动按钮 X0 和停止按钮 X1 串联，并在启动按钮 X0 两端并上自保触点 Y0，然后串接输出线圈 Y0。当要启动时，按启动按钮 X0，使线圈 Y0 有输出并通过 Y0 自锁触点自锁；当要停止时，按停止按钮 X1，使输出线圈 Y0 复位，如图 6-11(a) 所示。

注意：

①梯形图中，用 X1 的动断触点。当然，也可以用 X1 的动合触点，但是 X1 对应的按钮应是动断的，实际使用时也大都如此，原因是 X1 对应的按钮是作为停止按钮的。如果在使用中停止按钮的线缆意外损坏，那么如采用动合按钮，机器将无法停下，这是相当危险的。

②上述的梯形图为停止优先，即如果启动按钮 X0 和停止按钮 X1 同时被按下，则电动机停止；若要改为启动优先，则梯形图如图 6-11(b) 所示。

（二）两台电动机的顺序联动控制

1. 控制要求

电动机 M1 先启动（SB1），电动机 M2 才能启动（SB2）。

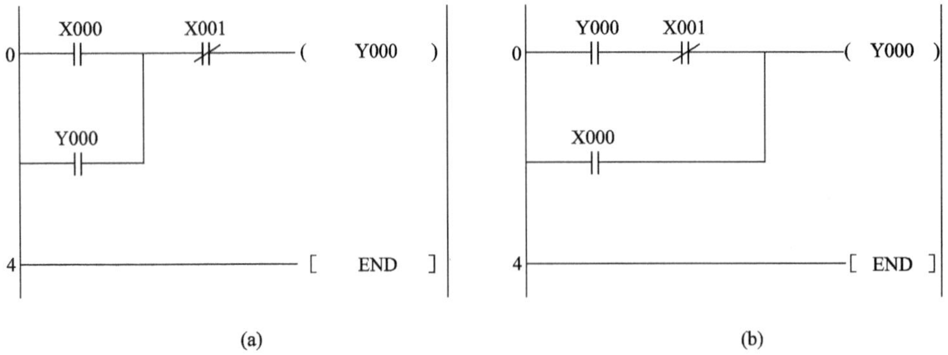

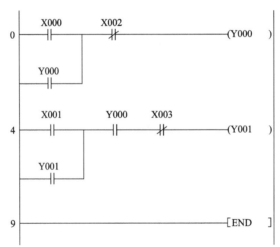

图 6-11 启保停电路梯形图设计

2. 输入/输出分配

X0：电动机 M1 启动 （SB1）；X1：电动机 M2 启动 （SB2）；X2：电动机 M1 停止 （SB3）。

X3：电动机 M2 停止 （SB4）；Y0：电动机 M1 （接触器 1）；Y1：电动机 M2 （接触器 2）。

3. 梯形图方案设计

此梯形图方案设计思路与启保停电路相似，只是要在接触器 2 的线圈 （Y1） 左边加上接触器 1 （Y0） 的常开触点，只有这样，才能保证电动机 M1 先启动，电动机 M2 才能启动，如图 6-12 所示。

图 6-12 两台电动机的顺序联动控制梯形图设计

（三） 定时器的应用

1. 得电延时闭合

得电延时定时器梯形图及工作时序如图 6-13 所示。

2. 失电延时断开

失电延时定时器梯形图及工作时序如图 6-14 所示。

当 X0 为 ON 时，其常开触点闭合，Y0 接通并自保；当 X0 断开时，定时器开始得电延时；当 X0 断开的时间达到定时器的设定时间时，Y0 才由 ON 变为 OFF，实现失电延时断开。

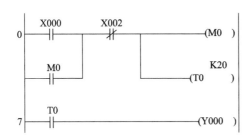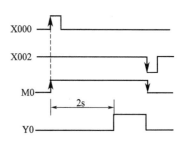

X0得电2s后，Y0动作。

图 6-13 得电延时定时器梯形图及工作时序图

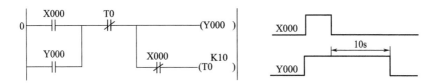

图 6-14 失电延时定时器梯形图及工作时序图

3.3 台电动机顺序启动

（1）控制要求。电动机 M1 启动 5s 后电动机 M2 启动，电动机 M2 启动 5s 后电动机 M3 启动；按下停止按钮时，电动机无条件全部停止运行。

（2）输入/输出分配。X1：启动按钮；X0：停止按钮；Y1：电动机 M1；Y2：电动机 M2；Y3：电动机 M3。

（3）梯形图方案设计。这涉及时间的问题，所以可以采用分段延时和累计延时的方法，如图 6-15 所示。

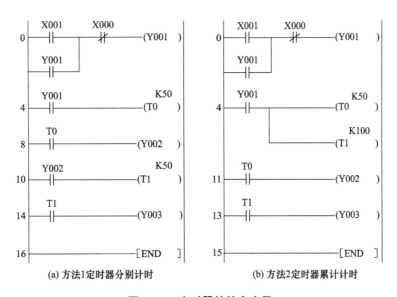

图 6-15 定时器的综合应用

任务实施

一、项目任务（二维码 6-3）

根据电气图，搭建一个模拟抓棉机往复运动的 PLC 控制系统，并通过任务掌握以下知识。

1. 了解 PLC 的程序的编写与烧写。

2. 掌握 PLC 软元件含义，并能读懂简单程序。

6-3 使用 PLC 搭建
抓棉机控制电路

二、实训器材

（1）可编程控制器 1 台（S7-200 CPU226）。

（2）AC220V 交流接触器 2 个。

（3）AC220V 信号灯 3 个（红、绿、蓝各一只）。

（4）按钮开关 3 个（其中常开 2 个）。

（5）行程开关 4 个。

（6）电工常用工具 1 套。

（7）连接导线若干。

三、实训指导

抓棉机的运动主要是循环往复运动，其原理如图 6-16 所示。

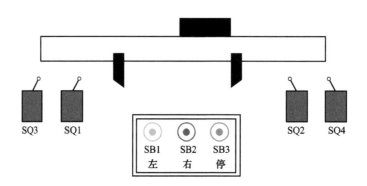

图 6-16 抓棉机循环往复运动原理

图 6-17 是其左右往复运动的继电器控制线路图，其中 SQ1、SQ2 为行程控制，SQ3、SQ4 为限位控制。SB1、SB2 为左、右方向的启动按钮，SB3 为控制线路的停止按钮，KM1、KM2 分别用来接通电动机正转和反转的线路。通常为了防止主电路短路，在控制线路中应用互锁环节。

使用继电器控制无疑将加大接线的难度，而使用 PLC 则简单得多。图 6-18 为使用 PLC 后的主电路图与控制电路图。

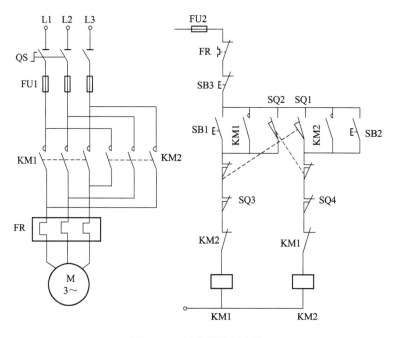

图 6-17 继电器控制电路

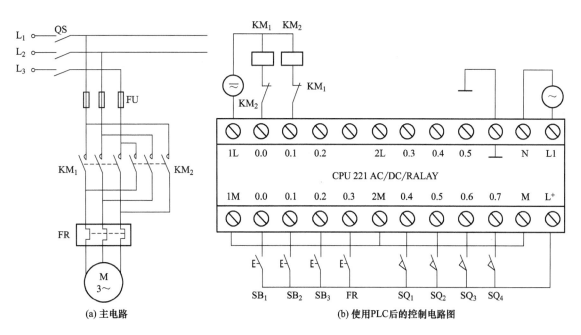

(a) 主电路   (b) 使用 PLC 后的控制电路图

图 6-18 使用 PLC 后的电路图

为使抓棉机循环往复运动，其 PLC 控制系统梯形程序如图 6-19 所示。

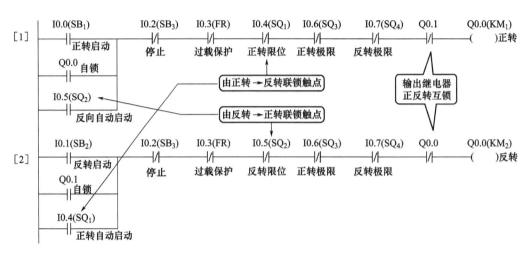

图 6-19 PLC 控制系统梯形程序图

1. 正向运行控制

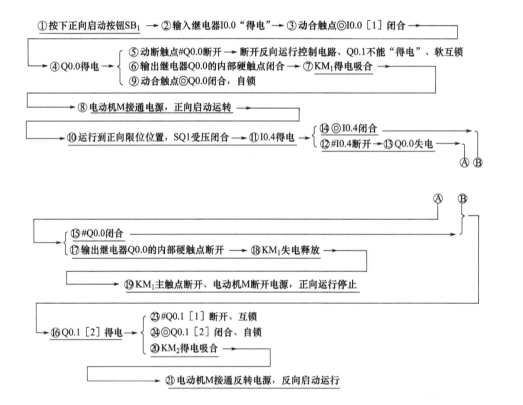

2.反向运行控制

反向运行控制的工作过程与正向运行控制的工作过程类似，不再赘述。

四、实训内容

（1）按图 6-18 连接好主电路与控制电路。

（2）使用 STEP 软件在 PC 上进行程序输入。

（3）用 STEP 软件将输入程序烧写到 PLC 上。

（4）完成程序烧写后，将模式调至运行模式，进行不带负载的调试。

（5）如有问题进行排除与修改。

STEP 软件见附录 2。

五、实训报告

（1）画出 PLC 的输出端子的分布图及其分组情况。

（2）分别写出 PLC 的 I/O 信号的种类。

（3）PLC 实训时，您认为要注意哪些事项？

课后练习

书面作业

1.什么是 PLC 的软元件？PLC 内部有哪些软元件，分别有什么用途？

2.PLC 的程序可如何编写？最常用是哪种？

3.图 6-11 中，梯形图中用 X1 外接的物理按钮应是动断的，如何编程？画出程序图。

4.在图 6-12 基础上，设计三台电动机顺序启动梯形图。

实践作业

按照下图搭建 PLC 系统，并完成图 6-20 中程序输入与烧写。

图 6-20 所示的 PLC 系统作用是实现电动机星三角启动，当按下按钮 SB2 时，电动机 Y 形启动，6s 后自动转为 △ 形运行。当按下 SB1 时，电动机停止运行。请照此检查电路是否实现功能。

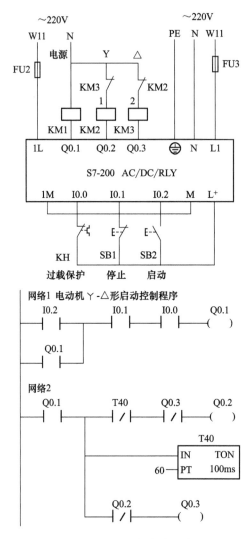

图6-20 星三角启动系统

项目七　利用变频器控制三相异步电动机

任务一　认识变频器

任务背景

纺织生产对于机器速度的控制要求很高，主要体现在：机器运行速度可更改。如在织造时，如所用的纱较粗，就可以用较高的速度提高产量；反之，则应以较低的速度保证质量。卷绕场合应保证线速度恒定。纺织中卷绕的场合很多，如转速不变，随之卷绕的进行，直径的变大将使得线速度相应增大，此时应对应降低电动机转速。机器运转时，不同阶段速度不同。比如，整经机启动要慢，粗纱机则速度一直在变化，细纱机甚至要求有 7 段或 9 段速度等。传统的改变速度或通过更换齿轮，或通过离合器进行，那么随着科技的发展，出现了变频器对电动机转速进行控制。

具体任务

根据给出的电气原理图绘制电气接线图，完成后搭建电路并检查调试。

理论内容与要求

1. 了解电气图的概念、种类和用途。

2. 能识读电气原理图。

3. 能识读电气接线图。

4. 能根据电气接线图进行接线。

用具器材

三菱 FR-E740 变频器 1 台，三相异步电动机 1 台，开关 2 只，1W 1k 电阻 1 只，电工工具 1 套，导线若干。

知识准备

一、变频器的基本构成

变频器分为交—交和交—直—交两种形式。交—交变频器可将工频交流直接转换成频率、电压均可控制的交流；交—直—交变频器则是先把工频交流通过整流器转换成直流，然后再把直流转换成频率、电压均可控制的交流，其基本构成如图 7-1 所示。其主要由主电路（包括整流器、中间直流环节、逆变器）和控制电路组成。

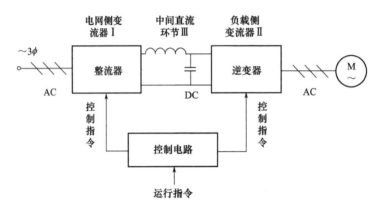

图 7-1　交—直—交变频器的基本构成

整流器主要是将电网的交流整流成直流；逆变器是通过三相桥式逆变电路将直流转换成任意频率的三相交流；中间环节又叫中间储能环节，由于变频器的负载一般为电动机，属于感性负载，运行中中间直流环节和电动机之间总会有无功功率交换，这种无功功率将由中间环节的储能元件（电容器或电抗器）来缓冲；控制电路主要是完成对逆变器的开关控制，对整流器的电压控制以及完成各种保护功能。

二、变频器的调速原理

因为三相异步电动机的转速公式为：

$$n = n_0(1 - s) = \frac{60f}{p}(1 - s)$$

式中：n_0——同步转速；

　　　　f——电源频率，Hz；

　　　　p——电动机极对数；

　　　　s——电动机转差率。

从上式可知，改变电源频率即可实现调速。

对异步电动机实行调速时，希望主磁通保持不变，因为磁通太弱，铁芯利用不充分，同样转子电流下转矩减小，电动机的负载能力下降；若磁通太强，铁芯发热，波形变坏。如何实现磁通不变？根据三相异步电动机定子每相电动势的有效值为：

$$E_1 = 4.44 f_1 N_1 \Phi_{\mathrm{m}}$$

式中：f_1——电动机定子频率，Hz；

N_1——定子相绕组有效匝数；

Φ_{m}——每极磁通量，单位为 Wb。

对 E_1 和 f_1 进行适当控制即可维持磁通量不变。

因此，异步电动机的变频调速必须按照一定的规律同时改变其定子电压和频率，即必须通过变频器获得电压和频率均可调节的供电电源。

三、变频器的额定值和频率指标（二维码 7-1）

1. 输入侧的额定值

输入侧的额定值主要是电压和相数。在我国的中小容量变频器中，输入电压的额定值有 380V/50Hz、200~230V/50Hz 或 60Hz。

7-1 认识变频器

2. 输出侧的额定值

（1）输出电压 U_{N}，由于变频器在变频的同时也要变压，所以输出电压的额定值是指输出电压中的最大值。在大多数情况下，它就是输出频率等于电动机额定频率时的输出电压值。通常，输出电压的额定值总是和输入电压相等的。

（2）输出电流 I_{N}，是指允许长时间输出的最大电流，是用户在选择变频器时的主要依据。

（3）输出容量（kVA）S_{N}，S_{N} 与 U_{N}、I_{N} 关系为 $S_{\mathrm{N}} = U_{\mathrm{N}} \sqrt{3} U_{\mathrm{N}} I_{\mathrm{N}}$。

（4）配用电动机容量（kW）P_{N}，变频器说明书中规定的配用电动机容量，仅适合于长期连续负载。

（5）过载能力，变频器的过载能力是指其输出电流超过额定电流的允许范围和时间。大多数变频器都规定为 $150\% I_{\mathrm{N}}$、60s，$180\% I_{\mathrm{N}}$、0.5s。

任务实施

一、项目任务（二维码 7-2、7-3）

连接变频器与电动机，实现旋钮控制调速或设定速度。变频器的主接线如图 7-2 所示。

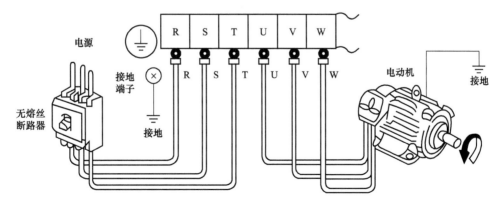

图 7-2　变频器的主接线

二、实训器材

（1）变频器 1 台（三菱 FR-A540）。

（2）电动机 1 台（Y-112-0.55）。

（3）电工常用工具 1 套。

（4）导线若干。

（5）实训控制台 1 台。

7-2　面板模式　　7-3　面板模式
答疑解惑

三、实施步骤

按图接线，并结合变频器说明书，实现旋钮控制调速和用控制面板设定速度，完成后运行，观察电动机转速的变化，并用项目三中的计长仪进行测试。

课后练习

书面作业

1. 变频器的工作原理是什么？

2. 变频器的机构组成是怎样的？

3. 变频器的技术指标有哪些？

实践作业

在实训师傅或教师指导下，到实训工厂调查纺织设备上的变频器，完成下表。

机器型号	变频器型号	品牌、生产国	变频器容量

任务二　变频器七段速控制

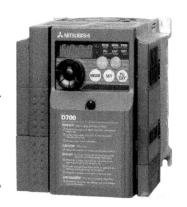

任务背景

　　此任务主要是在认识变频器基础上，了解其是否可以自动实现多级速度控制及细纱机对变频器提出的七段速度可控、可调的要求。

具体任务

　　根据给出的电气原理图绘制电气接线图，完成后搭建电路并检查调试。

理论内容与要求

　　1. 了解电气图的概念、种类和用途。

　　2. 能识读电气原理图。

　　3. 能识读电气接线图。

　　4. 能根据电气接线图进行接线。

用具器材

　　三菱 FR-E740 变频器 1 台、三相异步电动机 1 台、开关 3 只、电工工具 1 套、导线若干。

知识准备

一、变频器的基本参数

变频器用于单纯可变速运行时，FR-A540 设定的参数运行即可，若考虑负荷、运行方式时，必须设定必要的参数。对于三菱 FR-A540 变频器（有几百个参数），可以根据实际需要来设定，这里仅介绍一些常用的参数，有关其他参数，请参考有关设备使用手册。

1. 输出频率范围（Pr. 1. Pr. 2. Pr. 18）

Pr. 1 为上限频率，用 Pr. 1 设定输出频率的上限，即使有高于此设定值的频率指令输入，输出频率也被钳位在上限频率。Pr. 2 为下限频率，用 Pr. 2 设定输出频率的下限。Pr. 18 为高速上限频率，在 120H 以上运行时，用 Pr. 18 设定输出频率的上限。

2. 多段速度运行（Pr. 4、Pr. 5、Pr. 6、Pr. 24~Pr. 27）

Pr. 4、Pr. 5、Pr. 6 为三速设定（高速、中速和低速）的参数号，分别设定变频器的运行频率，至于变频器实际运行频率的设定，则分别由其控制端子 RH、RM 和 RL 的闭合来决定。Pr. 24~Pr. 27 为 4~7 段速度设定，实际运行的参数设定的频率由端子 RH、RM 和 RL 的组合（闭合）来决定，如图 7-3 所示。

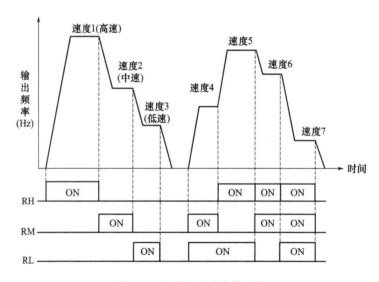

图 7-3　七段速度对应的端子

注意：上述功能只在外部操作模式或 Pr. 79-4 时，才能生效，否则无效。

（1）多段速度比主速度优先。

（2）多段速度在 Pu 和外部运行模式下都可以设定。

（3）Pr. 24~Pr. 27 及 Pr. 232~Pr. 239 之间的设定没有优先之分。

（4）运行期间参数值能被改变。

（5）当用 Pr. 180~Pr. 186 改变端子功能时，其运行将发生改变。

3. 加减速时间（Pr. 7、Pr. 8、Pr. 20）

Pr. 20 为加减速基准频率。Pr. 7 为加速时间，即用 Pr. 7 设定从 0 加速到 Pr. 20 设定的频率的时间；Pr. 8 为减速时间，即用 Pr. 8 设定从 Pr. 20 设定的频率减速到 0 的时间。

4. 电子过电流保护（Pr. 9）

Pr. 9 用来设定电子过电流保护的电流值，以防止电动机过热，故一般设定为电动机的额定电流值。

5. 启动频率（Pr. 13）

Pr. 13 为变频器的启动频率，即当启动信号为 ON 时的开始频率，如果设定变频器的运行频率小于 Pr. 13 的设定值时，则变频器将不能启动。

注意：当 Pr. 2 的设定值高于 Pr. 13 的设定值时，即使设定的运行频率小于 Pr. 2 的设定值，只要启动信号为 ON，电动机都以 Pr. 2 的设定值运行。当 Pr. 2 的设定值小于 Pr. 13 的设定值时，若设定的运行频率小于 Pr. 13 的设定值，即使启动信号为 ON，电动机也不运行；若设定的运行频率大于 Pr. 13 的设定值，只要启动信号为 ON，电动机就开始运行。

6. 适用负荷选择（Pr. 14）

Pr. 14 用于选择与负载特性最适宜的输出特性（\ UF 特性）。当 Pr. 14 = 0 时，适用定转矩负载（如运输机械、台车等）；当 Pr. 14 = 1 时，适用变转矩负载（如风机、水泵等）；当 Pr. 14 = 2 时，适用提升类负载（反转时转矩提升为 0%）；当 Pr. 14 = 3 时，适用提升类负载（正转时转矩提升为 0%）。

7. 点动运行（Pr. 15、Pr. 16）

Pr. 15 为点动运行频率，即在 PU 和外部模式时的点动运行频率，并且请把 Pr. 15 的设定值设定在 Pr. 13 的设定值之上。Pr. 16 为点动加减速时间的设定参数。

8. 参数写入禁止选择（Pr. 77）

Pr. 77 用于参数写入与禁止的选择，当 Pr. 77 = 0 时，仅在 PU 操作模式下，变频器处于停止时才能写入参数；当 Pr. 77 = 1 时，除 Pr. 75、Pr. 77、Pr. 79 外不可写入参数；当 Pr. 77 = 2 时，即使变频器处于运行也能写入参数。

注意：有些变频器的部分参数在任何时候都可以设定。

9. 操作模式选择（Pr. 79）

Pr. 79 用于选择变频器的操作模式，当 Pr. 79 = 0 时，电源投入时为外部操作模式（简称 EXT，即变频器的频率和启动、停止均由外部信号控制端子来控制），但可用操作面板切换为 PU 操作模式（简称 PU，即变频器的频率和启动、停止均由操作面板控制）；当 Pr. 79 = 1 时，为 PU 操作模式；当 Pr. 79 = 2 时，为外部操作模式；当 Pr. 79 = 3 时，为 PU 和外部组合操作模式（即变频器的频率由操作面板控制，而启动、停止由外部信号控制端子来控制）；当 Pr. 79 = 4 时，为 PU 和外部组合操作模式（即变频器的频率由外部信号控制端子来控制，而启动、停止由操作面板控制）；当 Pr. 79 = 5 时，为程序控制模式。

二、变频器的主接线

FR-A540 型变频器的主接线一般有 6 个端子，其中输入端子 R、S、T 接三相电源；输出端子 U、V、W 接三相电动机，切记不能接反，否则损毁变频器，其接线图如图 7-2 所示。有的变频器能以单相 220V 作电源，此时单相电源接到变频器的 R、N 输入端，输出端子 U、V、W 仍输出三相对称的交流电，可接三相电动机。

三、变频器的操作面板

FR-E740 型变频器操作面板固定在变频器上，操作面板外形及各指示灯和按键功能如图 7-4 所示。

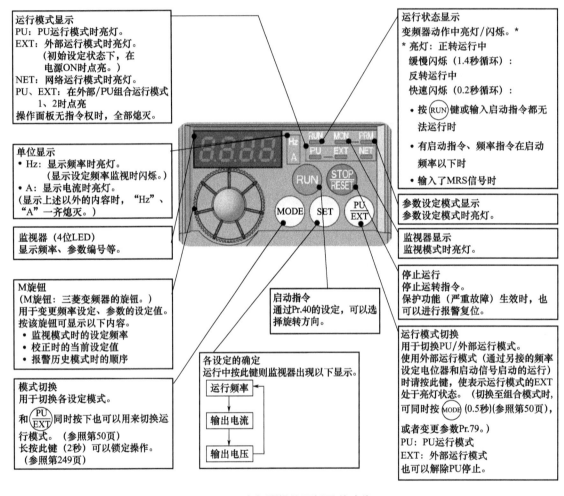

图 7-4　变频器操作面板及其功能

四、变频器的基本操作

变频器的基本操作主要是设置各个参数的数值，下面以变更 Pr 1 为例，介绍变频器参数值设置方法（图 7-5）。

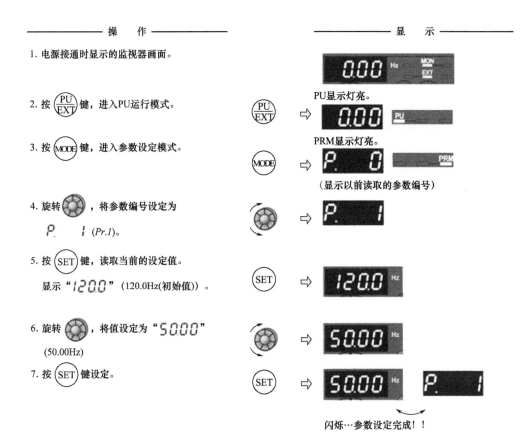

图 7-5 变频器参数值设置

说明：

1. 旋转⚙可读取其他参数；

2. 按 SET 键可再次显示设定值；

3. 按两次 SET 键可显示下一个参数；

4. 按两次 MODE 键可返回频率监视画面。

任务实施

一、项目任务（二维码 7-4、7-5）

进一步了解变频器外部端子的控制功能，掌握控制多段速运行的方法。

7-4 外部模式 使用按钮　　7-5 外部模式— 使用开关

二、实训设备

（1）三菱 FR-D740 变频器 1 台。

（2）电动机 1 台。

（3）电工常用工具1套。

（4）开关及导线若干。

三、实训内容及步骤（二维码7-6）

（1）控制要求。某生产机械在运行过程中要求按16Hz、20Hz、25Hz、30Hz、35Hz、40Hz、45Hz的速度运行，通过外部端子控制电动机多段速运行，开关K3、K4、K5按不同的方式组合，可选择7种不同的输出频率。

7-6　七段速的控制

（2）通过将PrCL参数设置为1，将变频器所有参数恢复出厂设定值。

（3）设置参数。多段速控制只能在外部操作模式（Pr79＝2）和组合操作模式（Pr79＝3、4）中有效。需要设置如下参数。

Pr1＝50Hz（上限频率）；Pr2＝0Hz（下限频率）；Pr7＝2s（加速时间）；Pr8＝2s（减速时间）；Pr160＝0（扩张参数）；Pr79＝3（PU/组合模式1）。

各段速度：Pr4＝16Hz，Pr5＝20Hz，Pr6＝25Hz，Pr24＝30Hz，Pr25＝35Hz，Pr26＝40Hz，Pr27＝45Hz。

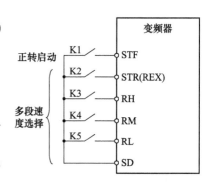

（4）连接如图7-6所示的电路。7段速时，STR（REX）端子暂不接线。

（5）下表中，"ON"表示开关闭合，"OFF"表示开关断开。将开关K1一直闭合，按照表中操作各个开关。通过PU面板监视频率的变化，观察运转速度，并将结果填入下表。

图7-6　多段速运行接线图

K3（RH）	K4（RM）	K5（RL）	输出频率值（Hz）	参　数
ON	OFF	OFF		Pr4
OFF	ON	OFF		Pr5
OFF	OFF	ON		Pr6
OFF	ON	ON		Pr24
ON	OFF	ON		Pr25
ON	ON	OFF		Pr26
ON	ON	ON		Pr27

四、实训报告

（1）若多个速度不按照Pr4＝16Hz，Pr5＝20Hz，Pr6＝25Hz，Pr24＝30Hz，Pr25＝35Hz，Pr26＝40Hz，Pr27＝45Hz的顺序给入，多段速控制能否进行？

（2）若在面板模式下预置给定频率为40Hz，此时再进行多段速操作该如何操作，40Hz

频率是否起作用？

（3）写出实训报告。

课后练习

书面作业

1.变频器与加减速时间相关的参数有哪些？各有什么含义？

2.变频器与输出频率范围相关的参数有哪些？各有什么含义？

3.变频器禁止参数写入？

4.变频器主接线时要注意什么？

5.变频器操作面板有哪些元件组成？

6.试总结变频器设置参数的基本操作流程。

实践作业

结合变频器说明书，完成变频器 15 段速度控制。

附录

附录 1 常用电气符号

类别	名称	图形符号	文字符号	类别	名称	图形符号	文字符号
开关	单极控制开关	或	SA	位置开关	常开触头		SQ
	手动开关一般符号		SA		常闭触头		SQ
	三极控制开关		QS		复合触点		SQ
	三极隔离开关		QS	按钮	常开按钮		SB
	三极负荷开关		QS		常闭按钮		SB
	组合旋钮开关		QS		复合按钮		SB
	低压断路器		QF		急停按钮		SB
	控制器或操作开关	后 前 2 1 0 1 2	SA		钥匙操作式按钮		SB
接触器	线圈操作器件		KM	热继电器	热元件		FR
	常开主触头		KM		常闭触头		FR
	常开辅助触头		KM	中间继电器	线圈		KA
	常闭辅助触头		KM		常开触头		KA
					常闭触头		KA

续表

类别	名称	图形符号	文字符号	类别	名称	图形符号	文字符号
时间继电器	通电延时（缓吸）线圈		KT	电流继电器	过电流线圈		KA
	断电延时（缓放）线圈		KT		欠电流线圈		KA
	瞬时闭合的常开触头		KT		常开触点		KA
	瞬时断开的常闭触头		KT		常闭触点		KA
	延时闭合的常开触头	或	KT	电压继电器	过电压线圈		KV
	延时断开的常闭触头	或	KT		欠电压线圈		KV
	延时闭合的常闭触头	或	KT		常开触头		KV
	延时断开的常开触头	或	KT		常闭触头		KV
电磁操作器	电磁铁的一般符号	或	YA	电动机	三相笼型异步电动机		M
	电磁吸盘		YH		三相绕线转子异步电动机		M
	电磁离合器		YC		他励直流电动机		M
	电磁制动器		YB		并励直流电动机		M
	电磁阀		YV		串励直流电动机		M
非电量控制的继电器	速度继电器常开触头		KS	熔断器	熔断器		FU
	压力继电器常开触头		KP				

类别	名称	图形符号	文字符号	类别	名称	图形符号	文字符号
发电机	发电机		G	变压器	单相变压器		TC
	直流测速发电机		TG		三相变压器		TM
灯	信号灯（指示灯）		HL	互感器	电压互感器		TV
	照明灯		EL		电流互感器		TA
接插器	插头和插座	或	X 插头 XP 插座 XS		电抗器		L

注 详细的电气符号请参考《GB/T 4728—2005 电气简图用图形符号》。

附录 2

附表 2-1　SIEMENS S-7 200 系列 PLC 的技术指标

型号		CPU 221	CPU 222	CPU 224	CPU 224XP CPU 224XPsi	CPU 226
存储器						
用户程序长度	在运行模式下编辑	4096 字节		8192 字节	12288 字节	16384 字节
	不在运行模式下编辑	4096 字节		12288 字节	16384 字节	24576 字节
用户数据		2048 字节		8192 字节	10240 字节	10240 字节
掉电保持（超级电容） （可选电池）		50h 典型（最少 8h，40℃） 200 日典型		100h 典型（最少 70h，40℃） 200 日典型	100h 典型（最少 70h，40℃） 200 日典型	
I/O						
数字量 I/O		6 输入/4 输出	8 输入/6 输出	14 输入/10 输出	14 输入/10 输出	24 输入/16 输出
模拟量 I/O		无			2 输入/1 输出	无
数字 I/O 映像大小		256（128 输入/128 输出）				
模拟 I/O 映像区		无	32（16 输入/16 输出）	64（32 输入/32 输出）		
最多允许的扩展模块		无	2 个模块	7 个模块		
最多允许的智能模块		无	2 个模块	7 个模块		
脉冲捕捉输入		6	8	14		24
高速计数	单相	总共 4 个计数器 4 个，30kHz 时		总共 6 个计数器 6 个，30kHz 时	总共 6 个计数器 4 个，30kHz 时 2 个，200kHz 时	总共 6 个计数器 6 个，30kHz 时
	两相	2 个，20kHz 时		4 个，20kHz 时	3 个，20kHz 时 1 个，100kHz 时	4 个，20kHz 时
脉冲输出		2 个，20kHz 时（仅限于 DC 输出）			2 个，100kHz 时（仅限于 DC 输出）	2 个，20kHz 时（仅限于 DC 输出）
常规						
定时器		总共 256 个定时器；4 个定时器（1ms）；16 个定时器（10ms）；236 个定时器（100ms）				
计数器		256（由超级电容或电池备份）				
内部存储器位 掉电保存		256（由超级电容或电池备份） 112（存储在 EEPROM）				

续表

型号	CPU 221	CPU 222	CPU 224	CPU 224XP CPU 224XPsi	CPU 226
时间中断	2 个、1ms 分辨率时				
边沿中断	4 个上升沿和/或 4 个下降沿				
模拟电位计	1 个，8 位分辨率时		2 个，8 位分辨率时		
布尔型执行速度	0.22μs/指令				
实时时钟	可选卡件		内置		
卡件选项	存储器、电池和实时时钟		存储卡和电池卡		
集成的通信功能					
端口（受限电源）	一个 RS-485 口			两个 RS-485 口	
PPI，MPI（从站）波特率	9.6、19.2、187.5K				
自由端口波特率	1.2K—115.2K				
每段最大电缆长度	带隔离中继器；187.5kbaud 时最多 1000m、38.4kbaud 时最多 1200m 不带隔离中继器：50m				
最大站点数	每段 32 个站，每个网络 126 个站				
最大主站数	32				
点到点（PPI 主站模式）	是（NETR/NETW）				
MPI 连接	共 4 个，2 个保留（1 个给 PG，1 个给 OP）				

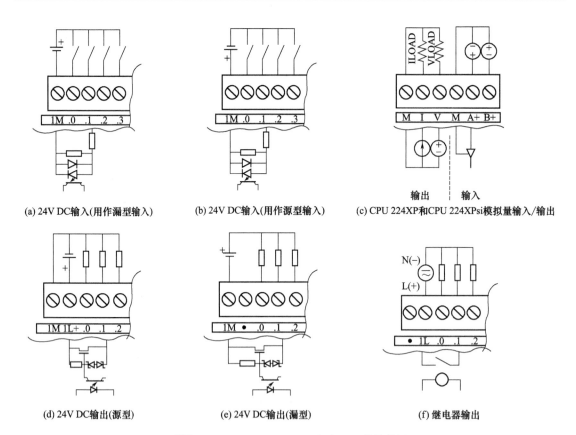

(a) 24V DC输入(用作漏型输入)　　(b) 24V DC输入(用作源型输入)　　(c) CPU 224XP和CPU 224XPsi模拟量输入/输出

(d) 24V DC输出(源型)　　(e) 24V DC输出(漏型)　　(f) 继电器输出

附图 2-1　SIEMENS-7200 系列 PLC 的接线图

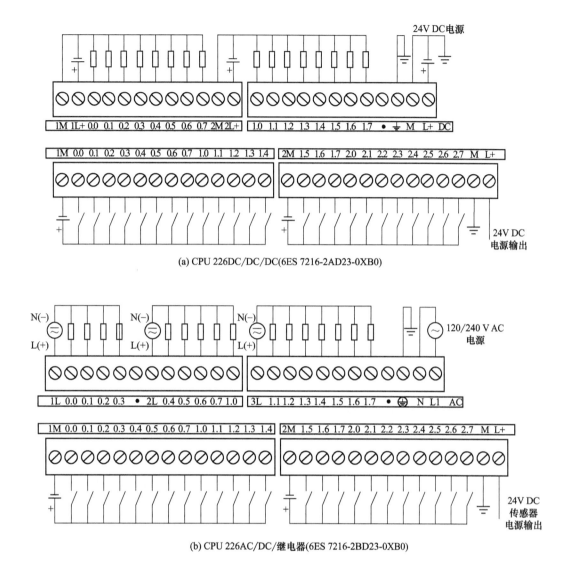

(a) CPU 226DC/DC/DC(6ES 7216-2AD23-0XB0)

(b) CPU 226AC/DC/继电器(6ES 7216-2BD23-0XB0)

附图 2-2　CPU 输入和输出

附录 3 STEP 7-Micro/WIN V4.0 的使用方法

一、连接 PLC 编程电缆

按照附图 3-1 所示进行连接。

（1）将 PC/PPI 电缆的 PC 端连接到计算机的 RS-232 通信口上（一般是串口 COM1）。如果使用的是 USB/PPI 电缆，要先安装 USB 驱动，然后连接 USB。

（2）将 PC/PPI 电缆的 PPI 端连接到 PLC 的 RS-485 通信口上。

RS-232/RS-485通信电缆

附图 3-1 PC/PPI 电缆连接计算机与 PLC

二、使用 STEP 7 软件编程并写入 PLC

STEP 7-Micro/WIN V4.0 软件能协助用户创建、编辑和下载用户程序，并具有在线监控功能。

1. 通信参数设置

首次连接计算机和 PLC 时，要设置通信参数。在 STEP 7-Micro/WIN V4.0 软件中文主界面上单击"通信"图标 ，则出现一个"通信"对话框。本地（计算机）地址为"0"，远程（PLC）地址为"2"，然后"双击刷新"，出现如附图 3-2 所示界面。从这个界面中可以看到，已经找到了类型为"CPU 224 CN REL 02.01"的 PLC，计算机已经与 PLC 建立起通信。

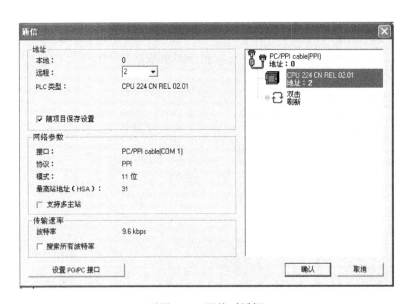

附图 3-2 通信对话框

如果未能找到 PLC，可单击"设置 PG/PC 接口"进入设置界面，如附图 3-3 所示，选择"PC/PPI cable（PPI）"接口，点击"属性"，进入属性界面，如附图 3-4 所示。点击"默认"，再单击"确定"退出。然后"双击刷新"即可找到所连接的 PLC。

附图 3-3　设置 PG/PC 接口界面　　　　　　附图 3-4　PPI 属性界面

2. 梯形图程序编辑

运行编程软件 STEP 7-Micro/WIN V4.0 后，自动创建一个新项目"项目 1"。项目中包含程序块、符号表、状态表、数据块、系统块、交叉引用和通信 7 个相关的块。其中，程序块中默认有一个主程序 OB1、一个子程序 SBR0 和一个中断程序 INT0，如附图 3-5 所示。在梯形图编辑器中有 4 种输入程序指令的方法：双击指令图标、拖放指令图标、指令工具栏编程按钮和特殊功能键（F4、F6、F9）。

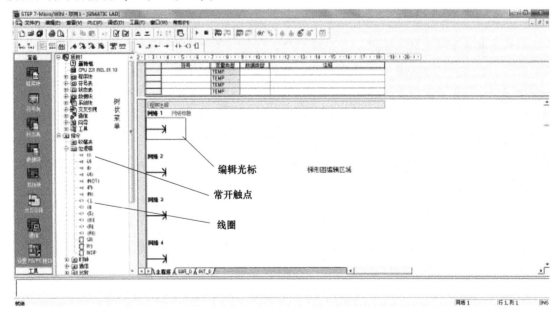

附图 3-5　打开指令树中位逻辑指令

在编写梯形图图标时可采用如下方法。

（1）双击（或拖放）常开触点图标，在网络 1 中出现常开触点符号。在"??.?"框中输入"I0.5"，按 Enter 键，光标自动跳到下一列，如附图 3-6 所示。

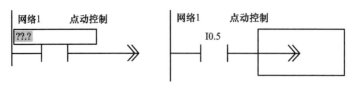

附图 3-6　编辑触点

（2）双击（或拖放）线圈图标，在"??.?"框中输入"Q0.1"，按 Enter 键，程序输入完毕，如附图 3-7 所示。

3. 查看指令表

点击菜单栏中"查看"→"STL"，则梯形图自动转为指令表，如附图 3-8 所示。如果熟悉指令，也可以在指令表编辑器中编写用户程序。

附图 3-7　编辑线圈　　　　　　附图 3-8　指令表编辑界面

4. 程序编译

用户程序编辑完成后，必须编译成 PLC 能够识别的机器指令，才能下载到 PLC。点击快捷图标　编译当前视图，或者点击　编译整个项目。编译结束后，在输出窗口中显示结果信息，如附图 3-9 所示。纠正编译中出现的所有错误后，编译才算成功。

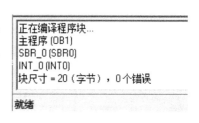

附图 3-9　在输出窗口显示编译结果

5. 程序下载

计算机与 PLC 建立了通信连接并且编译无误后，可以将程序下载到 PLC 中。下载时 PLC 状态开关应拨到"STOP"位置或点击工具栏菜单 ■。如果状态开关在其他位置，程序会询问是否转到"STOP"状态。

点击工具栏菜单 ▼ 或菜单"文件"→"下载"，在如附图 3-10 所示的"下载"对话框中选择是否下载程序块、数据块和系统块等。单击下载按钮，开始下载程序。如果出现如附图 3-11 所示的情况，则单击"改动项目"然后再下载即可。

下载是从编程计算机将程序装入 PLC；上载则相反，是将 PLC 中存储的程序上传到计算机。

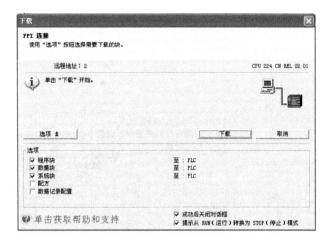

附图 3-10　下载对话框 1

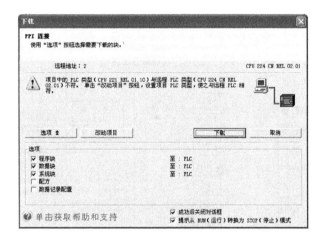

附图 3-11　下载对话框 2

附录 4　变频器接线端子图及其说明

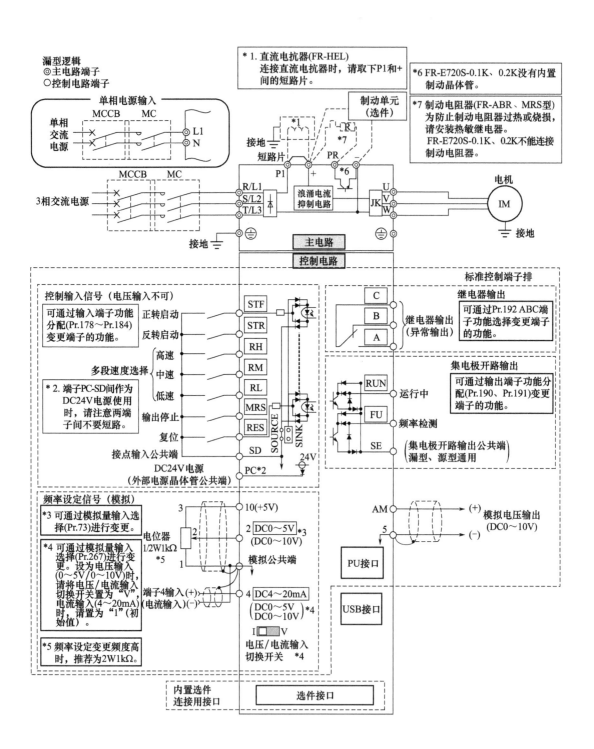

附录 5　输入端子说明

种类	端子记号	端子名称	端子功能说明		额定规格
接点输入	STF	正转启动	STF 信号 ON 时为正转、OFF 时为停止指令	STF、STR 信号同时 ON 时变成停止指令	输入电阻 4.7kΩ 开路时电压 DC21~26V 短路时 DC4~6mA
	STR	反转启动	STR 信号 ON 时为反转、OFF 时为停止指令		
	RH、RM、RL	多段速度选择	用 RH、RM 和 RL 信号的组合可以选择多段速度		
	MRS	输出停止	MRS 信号 ON（20ms 或以上）时，变频器输出停止 用电磁制动器停止电机时用于断开变频器的输出		
	RES	复位	用于解除保护电路动作时的报警输出。请使 RES 信号处于 ON 状态 0.1 秒或以上，然后断开 初始设定为始终可进行复位。但进行了 Pr.75 的 设定后，仅在变频器报警发生时可进行复位。复位所需时间约为 1 秒		
	SD	接点输入公共端（漏型）（初始设定）	接点输入端子（漏型逻辑）的公共端子		—
		外部晶体管公共端（源型）	源型逻辑时当连接晶体管输出（即集电极开路输出）、例如可编程控制器（PLC）时，将晶体管输出用的外部电源公共端接到该端子时，可以防止因漏电引起的误动作。		
		DC24V 电源公共端	DC24V 0.1A 电源（端子 PC）的公共输出端子 与端子 5 及端子 SE 绝缘		
	PC	外部晶体管公共端（漏型）（初始设定）	漏型逻辑时当连接晶体管输出（即集电极开路输出）、例如可编程控制器（PLC）时，将晶体管输出用的外部电源公共端接到该端子时，可以防止因漏电引起的误动作		电源电压范围 DC22~26.5V 容许负载电流 100mA
		接点输入公共端（源型）	接点输入端子（源型逻辑）的公共端子		
		DC24V 电源	可作为 DC24V、0.1A 的电源使用		

续表

种类	端子记号	端子名称	端子功能说明	额定规格
频率设定	10	频率设定用电源	作为外接频率设定（速度设定）用电位器时的电源使用。（参照 Pr.73 模拟量输入选择）	DC5.2V±0.2V 容许负载电流 10mA
	2	频率设定（电压）	如果输入 DC0~5V（或 0~10V），在 5V（10V）时为最大输出频率，输入输出成正比。通过 Pr.73 进行 DC0~5V（初始设定）和 DC0~10V 输入的切换操作	输入电阻 10kΩ±1kΩ 最大容许电压 DC20V
	4	频率设定（电流）	如果输入 DC4~20mA（或 0~5V，0~10V），在 20mA 时为最大输出频率，输入输出成正比。只有 AU 信号为 ON 时端子 4 的输入信号才会有效（端子 2 的输入将无效）。通过 Pr.267 进行 4~20mA（初始设定）和 DC0~5V、DC0~10V 输入的切换操作。电压输入（0~5V/0~10V）时，请将电压/电流输入切换开关切换至"V"	电流输入的情况下：输入电阻 233Ω±5Ω 最大容许电流 30mA 电压输入的情况下：输入电阻 10kΩ±1kΩ 最大容许电压 DC20V 电流输入（初始状态） 电压输入
	5	频率设定公共端	频率设定信号（端子 2 或 4）及端子 AM 的公共端子。请勿接大地	—

附录 6　输出端子说明

种类	端子记号	端子名称	端子功能说明		额定规格
继电器	A、B、C	继电器输出（异常输出）	指示变频器因保护功能动作时输出停止的 1c 接点输出 异常时：B-C 间不导通（A-C 间导通），正常时：B-C 间导通（A-C 间不导通）		接点容量 AC230V 0.3A （功率因数 = 0.4） DC30V　0.3A
集电极开路	RUN	变频器正在运行	变频器输出频率大于或等于启动频率（初始值 0.5Hz）时为低电平，已停止或正在直流制动时为高电平		容许负载 DC24V（最大 DC27V）0.1A（ON 时最大电压降 3.4V） ＊低电平表示集电极开路输出用的晶体管处于 ON（导通状态）。高电平表示处于 OFF（不导通状态）
	FU	频率检测	输出频率大于或等于任意设定的检测频率时为低电平，未达到时为高电平		
	SE	集电极开路输出公共端	端子 RUN、FU 的公共端子		—
模拟	AM	模拟电压输出	可以从多种监视项目中选一种作为输出。变频器复位中不被输出　输出信号与监视项目的大小成比例	输出项目：输出频率（初始设定）	输出信号 DC0～10V 许可负载电流 1mA（负载阻抗 10kΩ 以上）分辨率 8 位

参考文献

［1］ 韩满林，于宝明.电工电子技术［M］.江苏：江苏科学技术出版社，2010.

［2］ 林平勇，高嵩.电工电子技术［M］.4版.北京：高等教育出版社，2008.

［3］ 李娅.电工技术基础［M］.江苏：江苏科学技术出版社，2008.

［4］ 梁森.自动检测技术及应用［M］.北京：机械工业出版社，2011.

［5］ 金发庆.传感器技术与应用［M］.3版.北京：机械工业出版社，2012.

［6］ 王迪.传感器电路制作与调试项目教程［M］.2版.北京：电子工业出版社，2015.

［7］ 王进野，张纪良.电力拖动与控制（高职高专）［M］.天津：天津大学出版社，2008.

［8］ 刘松.电力拖动自动控制系统［M］.北京：清华大学出版社.2006.

［9］ 罗飞，郗晓田.电力拖动与运动控制系统［M］.2版.北京：化学工业出版社，2007.

［10］ 阮友德.电气控制与PLC实训教程［M］.2版.北京：人民邮电出版社，2012.

［11］ 张伟林.电气控制与PLC综合应用技术［M］.2版.北京：人民邮电出版社，2015.

［12］ 陈相志.交直流调速系统［M］.2版.北京：人民邮电出版社，2015.

［13］ 冯丽平.交直流调速系统综合实训［M］.北京：电子工业出版社，2009.

［14］ 三菱电机株式会社.三菱通用变频器FR-E700使用手册.2006.